四川省工程建设标准体系
建筑工程设计部分
（2014版）

Sichuan Sheng Gongcheng Jianshe Biaozhun Tixi
Jianzhu Gongcheng Sheji Bufen

中国建筑西南设计研究院有限公司　主编

西南交通大学出版社

·成都·

图书在版编目（CIP）数据

四川省工程建设标准体系建筑工程设计部分：2014版 / 中国建筑西南设计研究院有限公司主编. —成都：西南交通大学出版社，2014.9
ISBN 978-7-5643-3429-1

Ⅰ. ①四… Ⅱ. ①中… Ⅲ. ①建筑设计 - 标准 - 四川省 Ⅳ. ①TU203

中国版本图书馆 CIP 数据核字（2014）第 204528 号

四川省工程建设标准体系
建筑工程设计部分
（2014 版）

中国建筑西南设计研究院有限公司　主编

责任编辑	张　波
助理编辑	胡晗欣
封面设计	墨创文化
出版发行	西南交通大学出版社（四川省成都市金牛区交大路 146 号）
发行部电话	028-87600564　028-87600533
邮政编码	610031
网　　址	http: //www.xnjdcbs.com
印　　刷	成都蜀通印务有限责任公司
成品尺寸	210 mm × 285 mm
印　　张	9.75
字　　数	186 千字
版　　次	2014 年 9 月第 1 版
印　　次	2014 年 9 月第 1 次
书　　号	ISBN 978-7-5643-3429-1
定　　价	43.00 元

四川省住房和城乡建设厅
关于发布《四川省工程建设标准体系》的通知

川建标发〔2014〕377号

各市州住房城乡建设行政主管部门：

为确保科学、有序地推进我省工程建设标准化工作，制定符合我省实际需要的房屋建筑和市政基础设施建设标准，我厅组织科研院所、大专院校、设计、施工、行业协会等单位开展了《四川省工程建设标准体系》的编制工作。工程勘察测量与地基基础、建筑工程设计、建筑工程施工、建筑节能与绿色建筑、市政工程设计和市容环境卫生工程设计6个部分已编制完成，经广泛征求意见和组织专家审查，现予以发布。

四川省住房和城乡建设厅

2014年6月27日

四川省工程建设标准体系
建筑工程设计部分
编　委　会

前　　言

工程建设标准是从事工程建设活动的重要技术依据和准则，对贯彻落实国家技术经济政策、促进工程技术进步、规范建设市场秩序、确保工程质量安全、保护生态环境、维护公众利益以及实现最佳社会效益、经济效益、环境效益，都具有非常重要的作用。工程建设标准体系各标准之间存在着客观的内在联系，它们相互依存、相互制约、相互补充和衔接，构成一个科学的有机整体，建立和完善工程建设标准体系可以使工程建设标准结构优化、数量合理、全面覆盖、减少重复和矛盾，达到最佳的标准化效果。

我省自开展工程建设标准化工作以来，在工程建设领域组织编写了大量的标准，较好地满足了工程建设活动的需要，在确保建设工程的质量和安全，促进我省工程建设领域的技术进步、保证公众利益、保护环境和资源等方面发挥了重要作用。随着我国经济不断发展，新技术、新材料、新工艺、新设备的大量涌现，迫切需要对工程建设标准进行不断补充和完善。面对新形势、新任务、新要求，为进一步加强我省工程建设标准化工作，需对现有的工程建设国家标准、行业标准和四川省工程建设地方标准进行梳理，制定今后一定时期四川省工程建设需要的地方标准，构建符合四川省情的工程建设标准体系。为此，四川省住房和城乡建设厅组织开展了《四川省工程建设标准体系》的研究和编制工作，目前完成了房屋建筑和市政基础设施领域的工程勘察测量与建筑地基基础、建筑工程设计、建筑工程施工、建筑节能与绿色建筑、市政工程设计、市容环境卫生工程设计等六个部分的标准体系编制。

建筑工程设计部分标准体系是在科学总结以往实践经验的基础上，全面分析建筑设计行业的国内外技术和标准发展现状以及趋势，针对我省工程建设发展的实际需要编制的，是目前和今后一定时期我省建筑设计行业地方标准制定、修订和管理工作的依据。同时，我们出版该部分标准体系也供相关人员学习参考。

本部分标准体系编制截止于 2014 年 5 月 31 日，共收录现行、在编工程建设国家标准、行业标准、四川省工程建设地方标准及待编四川省工程建设地方标准 698 个。欢迎社会各界对四川省工程建设现行地方标准提出修订意见和建议，积极参与在编或待编地方标准的制定工作。对本部分标准体系如有修改完善的意见和建议，请将有关资料和建议寄送四川省住房和城乡建设厅标准定额处（地址：成都市人民南路四段 36 号，邮政编码：610041，联系电话：028-85568204）。

目　　录

第 1 章　编制说明

1.1　标准体系总体构成

建筑工程设计部分标准体系按国内建筑设计行业一般专业划分原则，分别按 7 个专业进行描述，建立各专业标准体系。

（1）建筑设计专业；

（2）建筑结构设计专业；

（3）风景园林设计专业；

（4）建筑电气设计专业；

（5）建筑给、排水设计专业；

（6）建筑环境与设备设计专业（采暖、通风、空调、燃气、建筑物理）；

（7）建筑工程防灾设计专业。

各专业的标准体系，按各自学科或专业内涵排列，在体系框图中竖向分为基础标准、通用标准和专用标准三个层次。上层标准的内容包括了其以下各层标准的某个或某些方面的共性技术要求，并指导其下各层标准，共同成为综合标准的技术支撑。

为准确、详细地表达标准体系所含各专业标准体系的内容，采用专业综述、专业标准体系框图、专业标准体系表和专业标准项目说明四部分来表述。

1. 专业综述

各专业的综述部分重点论述国内外技术标准的现状与发展趋势、现行标准的立项等问题以及新制定专业标准的特点。

2. 专业标准体系框图

各专业的标准体系，按各自学科或专业内涵排列，在体系框图中竖向分为基础标准、通用标准和专用标准三个层次。上层标准的内容包括了其以下各层标准的某个或某些方面的共性技术要求，并指导其下各层标准，共同成为综合标准的技术支撑。

（1）基础标准：是指在某一专业范围内作为其他标准的基础并普遍使用，具有广泛指导意义的术语、符号、计量单位、图形、模数、基本分类、基本原则等的标准。如城市规划术语标准、建筑结构术语和符号标准等。

（2）通用标准：是指针对某一类标准化对象制定的覆盖面较大的共性标准。它可作为制定专用标准的依据。如通用的安全、卫生与环保要求，通用的质量要求，通用的设计、施工要求与试验方法，以及通用的管理技术等。

（3）专用标准：是指针对某一具体标准化对象或作为通用标准的补充、延伸制定的专项标准。它的覆盖面一般不大。如某种工程的规划、设计的要求和方法，某个范围的安全、卫生、环保要求，某项试验方法，某类产品的应用技术以及管理技术等。

3. 标准体系表

标准体系表是在标准体系框图的基础上，按照标准内在联系排列起来的图表，标准体系表的栏目包括标准的体系编码、标准名称、与该标准相关的现行标准编号和备注。

4. 项目说明

项目说明重点说明各项标准的适用范围、主要内容与标准体系的关系等，待编四川省工程建设地方标准主要说明待编的原因和理由。

1.2 标准体系编码说明

工程建设标准体系中每项标准的编码具有唯一性，标准项目编码由部分号、专业号、层次号、门类号和顺序号组成：

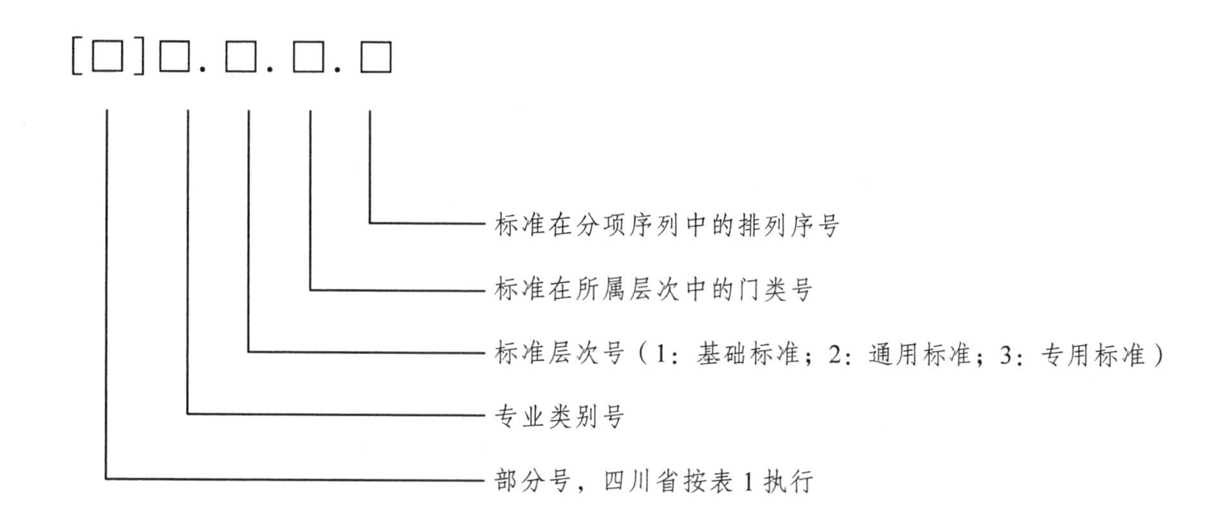

表1　四川省工程建设标准体系部分号

部分名称	部分号
工程勘察测量与地基基础	1
建筑工程设计	2
建筑工程施工	3
建筑节能与绿色建筑	4
市政工程设计	5
市容环境卫生工程设计	6

1.3　标准代号说明

序号	标准代号	说明
一	国家标准	
1	GB、GB/T	国家标准
	GBJ、GBJ/T	原国家基本建设委员会审批、发布的标准
	GBZ	国家职业卫生标准
二	行业标准	
2	JG、JG/T、JGJ、JGJ/T	建设工业行业标准
3	CJ、CJ/T、CJJ、CJJ/T	城镇建设行业标准
4	JC、JC/T、JCJ	建筑材料行业标准

序号	标准代号	说明
5	HJ、HJ/T、GWPB、GWKB、GHZB	环境保护行业标准
6	DL、DL/T、DLGJ、SDJ、SD、SDGJ、SL、SLJ	电力工业及水利水电行业标准
7	JTJ、JTJ/T、JTG、JTG/T	交通运输行业标准
8	YS、YSJ、YB、YB/T、YBJ	冶金行业标准
9	SY、SY/T、SYJ、SYJn、SHJ、SH、SH/T	石油石化行业标准
10	HG、HG/T、HGJ	化学工业行业标准
11	JBJ、JBJ/T、JB/T	机械工业行业标准
12	WS、WS/T	卫生行业标准
13	TSG	特种设备规范
三	地方标准	
14	DB51、DB51/T、DBJ51、DBJ51/T	四川省工程建设地方标准

1.4 标准数量汇总

序号	分类名称	现行			在编			待编			分类小计
		国标	行标	地标	国标	行标	地标	国标	行标	地标	
1	建筑设计专业	46	49	6	6	11	3				121
2	建筑结构设计专业	33	59	5	7	32	6				142
3	风景园林设计专业	2	10		1	11					24
4	建筑电气设计专业	53	9	3	6	7	1			2	81
5	建筑给排水设计专业	36	22	6	2	4					70
6	建筑环境与设备设计专业	47	53	21	21	31	12			2	187
7	建筑工程防灾设计专业	37	23	6	2	4				1	73
	合计	254	225	47	45	100	22			5	698

第2章　标准体系

2.1　建筑设计专业标准体系

2.1.1　综　述

建筑设计的原则是适用、安全、经济和美观。随着时代发展，人们生活水平和质量的提高，建筑中有关人民生命财产安全、身体健康和环境保护问题愈加受到关注。建筑的功能越来越复杂，建筑的类别也越来越多，建筑与环境的关系也越来越密切，综合性功能建筑也在发展中。特别是近些年建筑行业新技术、新材料、新设备、新工艺的快速发展，为建筑设计创作提供了广阔的空间。

2.1.1.1　国内外建筑设计的发展

国外建筑设计主张崇尚自然、注意环保、讲究个性和多样化的设计理论和方法，提倡生态建筑和绿色建筑。建筑设计首先依据技术法规和技术标准，注重关注防火、卫生、舒适和安全设施的要求，保障人们生命财产的安全和身体健康。

国内自改革开放以来，随着经济的发展，人民生活水平的提高，与国外建筑界交流的增加，有了全新的设计理念，提出以人为本，注重人民对建筑在物质和精神上的需求，在实现住宅等建筑商品化以后，对建筑物的质量和安全卫生条件有更严格的要求，形式要求也更个性化和多样化。

2.1.1.2 国内外建筑设计标准情况

建筑设计在国外发达国家为了使建筑物满足基本使用功能的要求，保障生命财产安全，保护环境，都要制定建筑法规。在内容上一般分为行政管理和技术要求两个部分。如日本的《建筑基准法》和美国的《全美建筑法规》；苏联有 СНИП，均由议会通过作为法律或由政府部门颁布作为法规强制执行。上述建筑法规都已有几十年的历史，定时补充修改，具有权威性、稳定性和连续性，是建筑设计中必须执行的法规，是检查建筑工程质量的重要标准，也是注册建筑师、工程师执业考试的必考科目。在建筑设计领域中，技术标准数量较少，而是用设计指南、设计指针、建筑设计资料等指导设计，都是自愿采用而非强制性的标准。ISO 国际标准在房屋建筑中也只是些基础、方法和试验标准，没有综合性的设计标准。

我国在 20 世纪 50 年代初期，曾参照苏联建筑法规，编著了《建筑设计规范》作为建筑设计技术依据，是一本包括设计管理、建筑设计通则、防火及消防、居住及公共建筑、生产及仓库及临时性建筑综合性的标准。后建议改为单项编制。同时，标准设计、《建筑设计资料集》等也是建筑设计的重要依据。70 年代国家制定了建筑制图、建筑模数等一批建筑设计基础标准。80～90 年代又制定了《民用建筑设计通则》《住宅建筑设计规范》等一批通用和专用标准。目前，在民用建筑设计领域中的标准已达 40 多项（不包括工业建筑等建筑设计），已经覆盖了绝大多数的民用建筑。

2.1.1.3 工程技术标准体系

1. 现行标准存在的问题

我国从 20 世纪 80 年代起，有计划、系统地开始制定、修订建筑设计标准，经过 20 年来的努力，已经形成了比较完整的建筑设计技术标准体系，基础、通用和专用标准之间分层比较明确，现有的体系比较合理，基本没有重复现象，并已经涉及大部分常用建筑类型。由于建筑类型日益增多，也有综合性倾向，没有必要每项建筑物都编设计规范，只要增加一些新型或常用建筑物即可。

2. 本标准体系的特点

建筑设计专业标准分体系是在参考原中华人民共和国建设部《工程建设标准体系》

（2003 年版）的基础上，结合我省地方工程建设标准化现状建立的。其中包含国家、行业、四川省颁布的建筑设计专业标准。竖向分为基础标准、通用标准、专用标准 3 个层次；横向按建筑设计、建筑技术、建筑评价分为 3 个门类，形成了较科学、较完整、可操作的标准体系，能够适应今后建筑工程设计标准化发展的需要。

本体系表中含技术标准 121 项，其中，国家标准 52 项，行业标准 60 项，地方标准 9 项；现行标准 101 项，在编标准 20 项，四川省待编标准 1 项。本体系是开放性的，技术标准名称、内容和数量均可根据需要而适当调整。

2.1.2 建筑设计专业标准体系框图

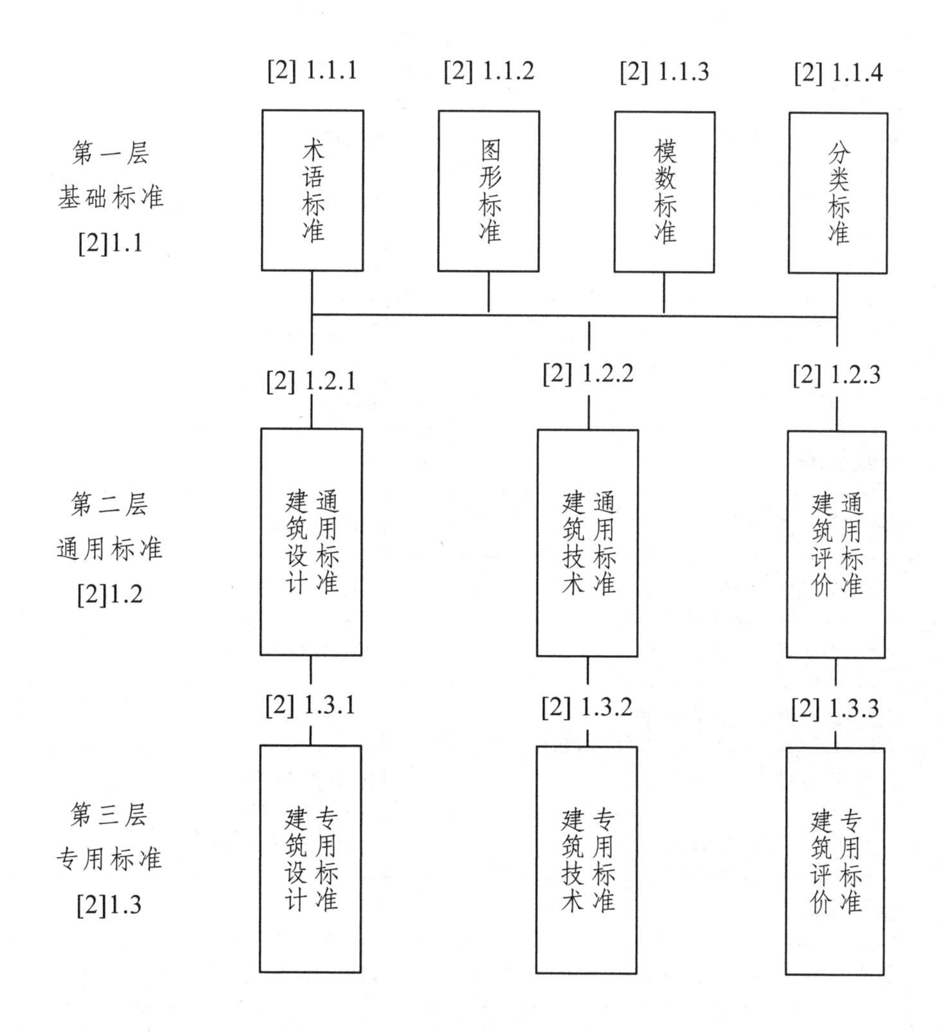

2.1.3 建筑设计专业标准体系表

体系编码	标准名称	现行标准	编制出版情况			备注
			现行	在编	待编	
[2]1.1	**建筑专业基础标准**					
[2]1.1.1	**术语标准**					
[2]1.1.1.1	城市规划基本术语标准	GB/T 50280-98	√			修订
[2]1.1.1.2	民用建筑设计术语标准	GB/T 50504-2009	√			
[2]1.1.1.3	建筑材料术语标准	JGJ/T 191-2009	√			
[2]1.1.2	**图形标准**					
[2]1.1.2.1	房屋建筑制图统一标准	GB/T 50001-2010	√			
[2]1.1.2.2	总图制图标准	GB/T 50103-2010	√			
[2]1.1.2.3	建筑制图标准	GB/T 50104-2010	√			
[2]1.1.2.4	房屋建筑室内装饰装修制图标准	JGJ/T 244-2011	√			
[2]1.1.2.5	城市规划制图标准	CJJ/T 97-2003	√			修订
[2]1.1.3	**模数标准**					
[2]1.1.3.1	建筑模数协调统一标准	GBJ 2-86	√			修订
[2]1.1.3.2	厂房建筑模数协调标准	GB/T 50006-2010	√			
[2]1.1.3.3	住宅建筑模数协调标准	GB/T 50100-2001	√			修订
[2]1.1.3.4	建筑楼梯模数协调标准	GBJ 101-87	√			
[2]1.1.3.5	住宅厨房模数协调标准	JGJ/T 262-2012	√			
[2]1.1.3.6	住宅卫生间模数协调标准	JGJ/T 263-2012	√			
[2]1.1.4	**分类标准**					
[2]1.1.4.1	城市用地分类与规划建设用地标准	GB 50137-2011	√			
[2]1.1.4.2	城乡规划基础资料搜集规范	GB/T 50831-2012	√			
[2]1.1.4.3	建设工程分类标准	GB/T 50841-2013	√			

续表

体系编码	标准名称	现行标准	编制出版情况			备注
			现行	在编	待编	
[2]1.2	**建筑专业通用标准**					
[2]1.2.1	**建筑设计通用标准**					
[2]1.2.1.1	镇规划标准	GB 50188-2007	√			修订
[2]1.2.1.2	民用建筑设计通则	GB 50352-2005	√			
[2]1.2.1.3	建筑工程建筑面积计算规范	GB/T 50353-2005	√			
[2]1.2.1.4	历史文化名城保护规划规范	GB 50357-2005	√			修订
[2]1.2.1.5	无障碍设计规范	GB 50763-2012	√			
[2]1.2.1.6	城市道路公共交通站、场、厂工程设计规范	CJJ/T 15-2011	√			
[2]1.2.1.7	城市用地竖向规划规范	CJJ 83-99	√			修订
[2]1.2.1.8	城镇住宅设计标准	DB51/T 5018-2000	√			
[2]1.2.1.9	住宅厨房设施尺度标准	DB51/T 5021-2000	√			
[2]1.2.1.10	住宅室内装饰装修设计规范			√		行标
[2]1.2.2	**建筑技术通用标准**					
[2]1.2.2.1	地下工程防水技术规范	GB 50108-2008	√			
[2]1.2.2.2	屋面工程质量验收规范	GB 50207-2012	√			
[2]1.2.2.3	地下防水工程质量验收规范	GB 50208-2011	√			
[2]1.2.2.4	建筑装饰装修工程质量验收规范	GB 50210-2001	√			修订
[2]1.2.2.5	屋面工程技术规范	GB 50345-2012	√			
[2]1.2.2.6	建筑外墙防水工程技术规程	JGJ/T 235-2011	√			
[2]1.2.2.7	建筑日照计算参数标准			√		国标
[2]1.2.3	**建筑评价通用标准**					
[2]1.2.3.1	建筑全生命周期可持续性影响评价标准	JGJ/T 222-2011	√			
[2]1.3	**建筑专业专用标准**					
[2]1.3.1	**建筑设计专用标准**					
[2]1.3.1.1	铁路车站及枢纽设计规范	GB 50091-2006	√			

续表

体系编码	标准名称	现行标准	编制出版情况			备注
			现行	在编	待编	
[2]1.3.1.2	住宅设计规范	GB 50096-2011	√			
[2]1.3.1.3	中小学校设计规范	GB 50099-2011	√			
[2]1.3.1.4	汽车加油加气站设计与施工规范	GB 50156-2012	√			
[2]1.3.1.5	电子信息系统机房设计规范	GB 50174-2008	√			修订
[2]1.3.1.6	城市居住区规划设计规范（2002 年版）	GB 50180-93	√			
[2]1.3.1.7	铁路旅客车站建筑设计规范	GB 50226-2007	√			
[2]1.3.1.8	医院洁净手术部建筑技术标准	GB 50333-2002	√			
[2]1.3.1.9	老年人居住建筑设计标准	GB/T 50340-2003	√			修订
[2]1.3.1.10	生物安全实验室建筑技术规范	GB 50346-2011	√			
[2]1.3.1.11	住宅建筑规范	GB 50368-2005	√			
[2]1.3.1.12	住宅信报箱工程技术规范	GB 50631-2010	√			
[2]1.3.1.13	飞机喷漆机库设计规范	GB 50671-2011	√			
[2]1.3.1.14	疾病预防控制中心建筑技术规范	GB 50881-2013	√			
[2]1.3.1.15	档案馆建筑设计规范	JGJ 25-2010	√			
[2]1.3.1.16	体育建筑设计规范	JGJ 31-2003	√			修订
[2]1.3.1.17	宿舍建筑设计规范	JGJ 36-2005	√			修订
[2]1.3.1.18	图书馆建筑设计规范	JGJ 38-99	√			修订
[2]1.3.1.19	托儿所幼儿园建筑设计规范（试行）	JGJ 39-87	√			修订
[2]1.3.1.20	疗养院建筑设计规范（试行）	JGJ 40-87	√			修订
[2]1.3.1.21	文化馆建筑设计规范（试行）	JGJ 41-87	√			修订
[2]1.3.1.22	商店建筑设计规范	JG J48-88	√			修订
[2]1.3.1.23	综合医院建筑设计规范	JGJ 49-88	√			修订
[2]1.3.1.24	剧场建筑设计规范	JGJ 57-2000	√			修订
[2]1.3.1.25	电影院建筑设计规范	JGJ 58-2008	√			修订

续表

体系编码	标准名称	现行标准	编制出版情况			备注
			现行	在编	待编	
[2]1.3.1.26	交通客运站建筑设计规范	JGJ/T 60-2012	√			
[2]1.3.1.27	旅馆建筑设计规范	JGJ 62-90	√			修订
[2]1.3.1.28	饮食建筑设计规范	JGJ 64-89	√			修订
[2]1.3.1.29	博物馆建筑设计规范	JGJ 66-91	√			修订
[2]1.3.1.30	办公建筑设计规范	JGJ 67-2006	√			修订
[2]1.3.1.31	特殊教育学校建筑设计规范	JGJ 76-2003	√			修订
[2]1.3.1.32	汽车库建筑设计规范	JGJ 100-98	√			修订
[2]1.3.1.33	老年人建筑设计规范	JGJ 122-99	√			修订
[2]1.3.1.34	殡仪馆建筑设计规范	JGJ 124-99	√			修订
[2]1.3.1.35	看守所建筑设计规范	JGJ 127-2000	√			修订
[2]1.3.1.36	镇（乡）村文化中心建筑设计规范	JGJ 156-2008	√			修订
[2]1.3.1.37	展览建筑设计规范	JGJ 218-2010	√			
[2]1.3.1.38	中小学校体育设施技术规程	JGJ/T 280-2012	√			
[2]1.3.1.39	乡镇集贸市场规划设计标准	CJJ/T 87-2000	√			
[2]1.3.1.40	村镇住宅设计规范			√		国标
[2]1.3.1.41	养老设施建筑设计规范			√		国标
[2]1.3.1.42	城镇防灾避难场所设计规范			√		国标
[2]1.3.1.43	物流建筑设计规范			√		国标
[2]1.3.1.44	监狱建筑设计规范			√		行标
[2]1.3.1.45	科研建筑设计规范			√		行标
[2]1.3.1.46	公墓和骨灰寄存建筑设计规范			√		行标
[2]1.3.1.47	机械式立体停车库技术规范			√		行标
[2]1.3.1.48	四川省普通养老院设计规范			√		地标
[2]1.3.1.49	人民防空工程兼作应急避难场所建设技术标准			√		地标

续表

体系编码	标准名称	现行标准	编制出版情况			备注
			现行	在编	待编	
[2]1.3.2	**建筑技术专用标准**					
[2]1.3.2.1	建筑地面设计规范	GB 50037-2013	√			
[2]1.3.2.2	人民防空地下室设计规范	GB 50038-2005	√			
[2]1.3.2.3	工业建筑防腐蚀设计规范	GB 50046-2008	√			
[2]1.3.2.4	城镇老年人设施规划规范	GB 50437-2007	√			
[2]1.3.2.5	城市公共设施规划规范	GB 50442-2008	√			
[2]1.3.2.6	实验动物设施建筑技术规范	GB 50447-2008	√			
[2]1.3.2.7	墙体材料应用统一技术规范	GB 50574-2010	√			
[2]1.3.2.8	坡屋面工程技术规范	GB 50693-2011	√			
[2]1.3.2.9	城市居住区人民防空工程规划规范	GB 50808-2013	√			
[2]1.3.2.10	玻璃幕墙工程技术规范	JGJ 102-2003	√			修订
[2]1.3.2.11	建筑玻璃应用技术规程	JGJ 113-2009	√			修订
[2]1.3.2.12	金属与石材幕墙工程技术规范	JGJ 133-2001	√			修订
[2]1.3.2.13	种植屋面工程技术规程	JGJ 155-2007	√			
[2]1.3.2.14	建筑轻质条板隔墙技术规程	JGJ/T 157-2008	√			
[2]1.3.2.15	建筑陶瓷薄板应用技术规程	JGJ/T 172-2012	√			
[2]1.3.2.16	自流平地面工程技术规程	JGJ/T 175-2009	√			
[2]1.3.2.17	铝合金门窗工程技术规范	JGJ 214-2010	√			
[2]1.3.2.18	倒置式屋面工程技术规程	JGJ 230-2010	√			
[2]1.3.2.19	建筑外墙防水工程技术规范	JGJ/T 235-2011	√			
[2]1.3.2.20	建筑遮阳工程技术规范	JGJ 237-2011	√			
[2]1.3.2.21	冰雪景观建筑技术规程	JGJ 247-2011	√			
[2]1.3.2.22	采光顶与金属屋面技术规程	JGJ 255-2012	√			
[2]1.3.2.23	装饰多孔砖夹心复合墙技术规程	JGJ/T 274-2012	√			

续表

体系编码	标准名称	现行标准	编制出版情况			备注
			现行	在编	待编	
[2]1.3.2.24	住宅室内防水工程技术规范	JGJ 298-2013	√			
[2]1.3.2.25	回收金属面聚苯乙烯夹芯板建筑应用技术规程	DB51/T 5064-2009	√			
[2]1.3.2.26	改性无机粉复合建筑饰面片材装饰工程技术规程	DB51/T 5069-2010	√			
[2]1.3.2.27	四川省成品住宅装修工程技术标准	DBJ51/T 015-2013	√			
[2]1.3.2.28	建筑反射隔热涂料应用技术规程	DBJ51/T 021-2013	√			
[2]1.3.2.29	装配式建筑设计规程			√		行标
[2]1.3.2.30	公共建筑室内空间标识系统技术规范			√		行标
[2]1.3.2.31	单层防水卷材屋面工程技术规程			√		行标
[2]1.3.2.32	公共建筑吊顶工程技术规程			√		行标
[2]1.3.2.33	装配整体式住宅建筑设计规程			√		地标
[2]1.3.3	**建筑评价专用标准**					
[2]1.3.3.1	住宅性能评定技术标准	GB/T 50362-2005	√			
[2]1.3.3.2	工业化建筑评价标准			√		国标
[2]1.3.3.3	村镇住宅可持续发展评价标准			√		行标
[2]1.3.3.4	历史文化村镇建筑综合评价标准			√		行标

2.1.4 建筑设计专业标准项目说明

[2]1.1 基础标准

[2]1.1.1 术语标准

[2]1.1.1.1 《城市规划基本术语标准》(GB/T 50280-98)

本标准统一了城市规划专业通用术语的定义，界定相关术语的差异。村镇规划的内容待修订时增加。

[2]**1.1.1.2** 《民用建筑设计术语标准》（GB/T 50504-2009）

本标准规定了建筑学基本术语的名称，对应的英文名称，定义或解释。本标准适用于各类建筑中设计，建筑构造、技术经济指标等名称。

[2]**1.1.1.3** 《建筑材料术语标准》（JGJ/T 191-2009）

本标准适用于建筑材料性能检验和评价结果等应采用的统一术语，主要内容为建筑材料按品种、性能等要素定义的基本名词术语。

[2]**1.1.2 图形标准**

[2]**1.1.2.1** 《房屋建筑制图统一标准》（GB/T 50001-2010）

本标准规定房屋建筑制图的基本和统一标准，包括图线、字体、比例、符号、定位轴线、材料图例、画法等。

[2]**1.1.2.2** 《总图制图标准》（GB/T 50103-2010）

本标准规定总图专业制图规定，包括图线、比例、计量单位、坐标注法、图例等。

[2]**1.1.2.3** 《建筑制图标准》（GB/T 50104-2010）

本标准规定建筑及室内设计专业制图标准化，包括建筑和装修图线、图例、图样画法等。

[2]**1.1.2.4** 《房屋建筑室内装饰装修制图标准》（JGJ/T 244-2011）

本标准适用于下列房屋建筑室内装饰装修工程制图： 新建、改建、扩建的房屋建筑室内装饰装修各阶段的设计图、竣工图；原有工程的室内实测图； 房屋建筑室内装饰装修的通用设计图、标准设计图；房屋建筑室内装饰装修的配套工程图。

[2]**1.1.2.5** 《城市规划制图标准》（CJJ/T 97-2003）

本标准适用于总体规划，主要内容是：确定各类规划图纸所要表现的内容以及标准画法；制定规划图纸的彩色图例及单色图例的统一标准。

[2]**1.1.3 模数标准**

[2]**1.1.3.1** 《建筑模数协调统一标准》（GBJ 2-86）

本标准规定民用和工业建筑统一使用的基本模数、导出模数的模数系列、模数化网格和定位轴线，参照 ISO 国际标准。

[2]**1.1.3.2** 《厂房建筑模数协调标准》（GB/T 50006-2010）

本标准适用于设计装配式或部分装配式的钢筋混凝土结构、钢结构及钢筋混凝土与钢的混合结构厂房；厂房建筑设计中相关专业之间的尺寸协调；编制厂房建筑构配件通用设计图集。

[2]**1.1.3.3** 《住宅建筑模数协调标准》(GB/T 50100-2001)

本标准规定住宅建筑各专业和部件之间尺寸协调，模数网格、定位轴线等，包括住宅厨房、卫生间相关参数和尺寸协调。参照 ISO 国际标准化和国外先进标准。

[2]**1.1.3.4** 《建筑楼梯模数协调标准》(GBJ 101-87)

本标准规定建筑矩形楼梯、门窗等部件模数协调，参照 ISO 国际标准。

[2]**1.1.3.5** 《住宅厨房模数协调标准》(JGJ/T 262-2012)

本标准适用于住宅厨房及其相关家具、设备设施的设计和安装。

[2]**1.1.3.6** 《住宅卫生间模数协调标准》(JGJ/T 263-2012)

本标准适用于住宅卫生间及其相关家具、设备、设施的设计和安装。

[2]1.1.4 分类标准

[2]**1.1.4.1** 《城市用地分类与规划建设用地标准》(GB 50137-2011)

本标准适用于城市、县人民政府所在地镇和其他具备条件的镇的总体规划和控制性详细规划的编制、用地统计和用地管理工作。

[2]**1.1.4.2** 《城乡规划基础资料搜集规范》(GB/T 50831-2012)

本规范适用于城市总体规划、控制性详细规划和修建性详细规划基础资料的搜集工作。

[2]**1.1.4.3** 《建设工程分类标准》(GB/T 50841-2013)

本标准按建筑规模等级、防火等级、抗震等级、使用年限等级、住宅性能等级、智能建筑等级等分类。

[2]1.2 通用标准

[2]1.2.1 建筑设计通用标准

[2]**1.2.1.1** 《镇规划标准》(GB 50188-2007)

本标准适用于村庄、集镇和县城以外建制镇，内容概括了进行村镇规划的各主要专业和基本要求，是指导村镇规划工作的通用标准。

[2]**1.2.1.2** 《民用建筑设计通则》(GB 50352-2005)

本标准适用于民用建筑设计中共性规则，包括城市规划对建筑限定，建筑总体布置，建筑物各部分设计和构造要求，室内环境和建筑设备等共性要求。

[2]**1.2.1.3** 《建筑工程建筑面积计算规范》(GB/T 50353-2005)

本规范主要内容包括总则、术语、计算建筑面积的规定。为便于准确理解和应用本规范，对建筑面积计算规范的有关条文进行了说明。

[2]1.2.1.4 《历史文化名城保护规划规范》(GB 50357-2005)

本标准的主要内容包括：对历史文化名城、历史文化保护区和文物保护单位的相关环境三个层次的保护内容及其历史文化环境确定保护的原则，提出保护和整治、建设控制、划定保护范围和建设控制地带以及相应的工程设施等方面主要措施的技术要求。

[2]1.2.1.5 《无障碍设计规范》(GB 50763-2012)

本标准规定城市道路、建筑物的无障碍设施实施范围和设计要求，还包括居住区无障碍实施范围及建筑物各部位无障碍设计要求等。

[2]1.2.1.6 《城市道路公共交通站、场、厂工程设计规范》(CJJ/T 15-2011)

本规范适用于新建、扩建和改建城市道路公共交通的站、场、厂的工程设计。主要技术内容包括总则、车站、停车场、保养场、修理厂、调度中心。

[2]1.2.1.7 《城市用地竖向规划规范》(CJJ 83-99)

城市用地竖向规划是在合理利用城市地形的基础上，对城市建设用地的地面标高进行综合布置，以满足道路、桥梁、排水、建筑和城市景观等的要求。主要内容包括：提出用地竖向规划的深度、基本技术要求和规定；结合城市用地选择，综合采取工程措施（即合理经济地组织城市用地的土方工程平衡）的技术规定；确定城市规划的各项用地主要控制点的标高（如主要道路交叉口和立交、桥梁、污水、雨水干管出口、防洪堤等）的技术规定。

[2]1.2.1.8 《城镇住宅设计标准》(DB51/T 5018-2000)

本标准适用于四川省城镇新建、改建、扩建的普通住宅，即包括普通商品住宅、经济适用住宅及廉租住宅；不适用于高级公寓和别墅等高标准的商品住宅。

[2]1.2.1.9 《住宅厨房设施尺度标准》(DB51/T 5021-2000)

本标准适用于普通住宅具有给排水及燃气供应的新建住宅。主要内容包括总则、术语、尺度标准的内容、尺度的名称、尺度的模数化原则以及设施的尺度系列。

[2]1.2.1.10 《住宅室内装饰装修设计规范》

在编工程建设行业标准。

[2]1.2.2 建筑技术通用标准

[2]1.2.2.1 《地下工程防水技术规范》(GB 50108-2008)

本规范适用于工业与民用建筑地下工程、防护工程、市政隧道、山岭及水底隧道、地下铁道、公路隧道等地下工程防水的设计和施工。

[2]1.2.2.2 《屋面工程质量验收规范》(GB 50207-2012)

本规范适用于房屋建筑屋面工程的质量验收。

[2]1.2.2.3 《地下防水工程质量验收规范》（GB 50208-2011）

本规范在《地下防水工程质量验收规范》（GB 50208-2002）的基础上进行修订本规范。主要技术内容包括：总则、术语、基本规定、主体结构防水工程、细部构造防水工程、特殊施工法结构防水工程、排水工程、注浆工程、子分部工程质量验收。

[2]1.2.2.4 《建筑装饰装修工程质量验收规范》（GB 50210-2001）

本规范适用于新建、扩建、改建和既有建筑的装饰装修工程的质量验收。主要内容包括地面、门窗、吊顶工程的检验，分项工程以及分部工程施工质量验收的要求。

[2]1.2.2.5 《屋面工程技术规范》（GB 50345-2012）

本规范是在原《屋面工程技术规范》（GB 50345-2004）进行修订后编制完成的。主要内容包括总则、术语、基本规定、屋面工程设计、屋面工程施工等。

[2]1.2.2.6 《建筑外墙防水工程技术规程》（JGJ/T 235-2011

本规程适用于新建、改建和扩建的以砌体或混凝土作为围护结构的建筑外墙防水工程的设计、施工及验收。

[2]1.2.2.7 《建筑日照计算参数标准》

在编工程建设国家标准。本标准根据我国各地区的气候条件、地理位置和居住建筑的卫生要求，确定向阳房间在规定的日照日（如冬至或大寒日）所获得的日照量，作为住宅区规划、确定建筑间距的依据。

[2]1.2.3 建筑评价通用标准

[2]1.2.3.1 《建筑全生命周期可持续性影响评价标准》（JGJ/T 222-2011）

本标准的主要技术内容包括：总则，术语和符号，评价的对象、内容和步骤，系统边界和评价范围，数据采集与处理，可持续性评价以及评价报告。

[2]1.3 专用标准

[2]1.3.1 建筑设计专用标准

[2]1.3.1.1 《铁路车站及枢纽设计规范》（GB 50091-2006）

本规范适用于国家铁路网中客、货列车共线运行，旅客列车最高行车速度在 140km/h 及以下标准轨距新建和改建铁路车站及枢纽的设计。

[2]1.3.1.2 《住宅设计规范》（GB 50096-2011）

本标准适用于城市和村镇住宅、公寓，主要内容包括住宅类型、居住空间、辅助用房、共用部分、室内环境和建筑设备。比原标准增加了村镇住宅。

[2]**1.3.1.3** 《中小学校设计规范》（GB 50099-2011）

本标准适用于中小学、中等技术和职业学校，主要内容包括选址、用地、教学和辅助用房、防火设计、建筑设备。

[2]**1.3.1.4** 《汽车加油加气站设计与施工规范》（GB 50156-2012）

本规范适用于新建、扩建和改建的汽车加油站、液化石油气加气站、压缩天然气加气站和汽车加油加气合建站工程的设计和施工。

[2]**1.3.1.5** 《电子信息系统机房设计规范》（GB 50174-2008）

本规范适用于建筑中新建、改建和扩建的电子信息系统机房的设计。

[2]**1.3.1.6** 《城市居住区规划设计规范（2002 年版）》（GB 50180-93）

本规范适用于城市居住区的规划设计。

[2]**1.3.1.7** 《铁路旅客车站建筑设计规范》（GB 50226-2007）

本规范适用于新建铁路旅客车站建筑设计。

[2]**1.3.1.8** 《医院洁净手术部建筑技术标准》（GB 50333-2002）

本规范主要内容是：规定了洁净手术部由洁净手术室和辅助用房组成，洁净手术部的洁净度分为四个等级；各用房的具体技术指标；对建筑环境、平面和装饰的原则要求；洁净手术室必须配置的基本装备及其安装要求；对作为规范核心内容的空气调节与空气净化部分，则详尽地规定了气流组织、系统构成及系统部件和材料的选择方案、构造和设计方法；还规定了适用于洁净手术部的医用气体、给水排水、配电和消防设施配置的原则；最后对施工、验收和检测的原则、制度、方法做了必要的规定。

[2]**1.3.1.9** 《老年人居住建筑设计标准》（GB/T 50340-2003）

本规范适用于城镇新建、扩建和改建的专供老年人使用的居住建筑及公共建筑设计。

[2]**1.3.1.10** 《生物安全实验室建筑技术规范》（GB 50346-2011）

本规范适用于新建、改建和扩建的生物安全实验室的设计、施工和验收。主要技术内容包括：总则，术语，生物安全实验室的分级、分类和技术指标，建筑、装修和结构，空调、通风和净化，给水排水与气体供应，电气，消防，施工要求，检测和验收。

[2]**1.3.1.11** 《住宅建筑规范》（GB 50368-2005）

本规范适用于城镇住宅的建设、使用和维护。

[2]**1.3.1.12** 《住宅信报箱工程技术规范》（GB 50631-2010）

本规范适用于城镇新建、改建、扩建的住宅小区、住宅建筑工程的信报箱工程的设计、安装和验收，也适用于农村信报箱工程的设计、安装和验收。

[2]**1.3.1.13** 《飞机喷漆机库设计规范》（GB 50671-2011）

本规范适用于新建、改建和扩建的飞机喷漆机库的设计。本规范共分 9 章，主要内容有：总则，术语，飞机喷漆机库分类和爆炸危险区域划分，工艺，建筑结构，给排水及消防设施，供暖、通风和空气调节，供电，电气。

[2]**1.3.1.14** 《疾病预防控制中心建筑技术规范》（GB 50881-2013）

本规范适用于疾控中心建筑的新建、改建和扩建工程的建筑设计、施工和验收。本规范不适用于生物安全四级实验室。本规范主要技术内容包括：总则、术语、选址和总平面、建筑、结构、给水排水、通风空调、电气、防火与疏散、特殊用途实验用房、施工要求、工程检测和验收。

[2]**1.3.1.15** 《档案馆建筑设计规范》（JGJ 25-2010）

本标准适用于国家和地方综合性档案馆，主要有档案库及有关用房、档案防护、防火设计、建筑设备。

[2]**1.3.1.16** 《体育建筑设计规范》（JGJ 31-2003）

本标准适用于体育场、体育馆、游泳馆，主要有选址和总平面、体育馆及游泳池设计、防火设计、声学设计和建筑设备。

[2]**1.3.1.17** 《宿舍建筑设计规范》（JGJ 36-2005）

本标准适用于城镇和工矿区的职工及学生宿舍、公寓，主要有总平面设计，居室、辅助用房、交通、建筑构造和建筑设备。

[2] **1.3.1.18** 《图书馆建筑设计规范》（JGJ 38-99）

本标准适用于公共图书馆、高校和科研院所图书馆及专门图书馆，主要有藏书和阅览空间、目录检索和出纳空间、文献资料保护、防火设计、建筑设备。

[2]**1.3.1.19** 《托儿所、幼儿园建筑设计规范》（JGJ 39-87）

本标准适用于托儿所、幼儿园的选址，生活用房、服务用房、防火设计和建筑设备。

[2]**1.3.1.20** 《疗养院建筑设计规范（试行）》（JGJ 40-87）

本规范适用于综合性慢性疾病疗养院及专科疾病疗养院新建、扩建和改建的设计。本规范共分 4 章和附录。主要内容包括总则、基地和总平面，建筑设计、建筑设备等。

[2]**1.3.1.21** 《文化馆建筑设计规范》（JGJ 41-87）

本标准适用于城市文化馆以及文化宫、青少年宫、俱乐部、歌舞厅等群众文化娱乐活动场所，主要有群众活动用房、学习辅导用房、专业工作用房、防火设计、建筑设备。比原标准有所扩展。

[2]**1.3.1.22** 《商店建筑设计规范》（JGJ 48-88）

本标准适用于综合商场、超市、饮食店、餐馆等，主要有选址、步行商业街、营业和仓储用房、专业商店、饮食店、餐馆、建筑设备。

[3]**1.3.1.23** 《综合医院建筑设计规范》（JGJ 49-88）

本标准适用于综合性医院，主要有门诊用房、急诊用房、住院用房、手术部、技术用房、防火设计、建筑设备。

[2]**1.3.1.24** 《剧场建筑设计规范》（JGJ 57-2000）

本标准适用于歌舞、话剧、戏曲剧场，主要有前厅、休息厅、观众厅、舞台、后台、防火设计、声学设计、建筑设备。

[2]**1.3.1.25** 《电影院建筑设计规范》（JGJ 58-2008）

本标准适用于普通及宽银幕电影院，主要有银幕布置、观众厅、声学设计、放映机房、防火设计、建筑设备。

[2]**1.3.1.26** 《交通客运站建筑设计规范》（JGJ/T 60-2012）

本规范适用于新建、扩建和改建的汽车客运站和港口客运站的建筑设计。不适用于汽车货运站、城市公共汽车站、水路货运站、城镇轮渡站、游艇码头等建筑设计。

[2]**1.3.1.27** 《旅馆建筑设计规范》（JGJ 62-90）

本规范适用于新建、改建和扩建的至少设有 20 间出租客房的城镇旅馆建筑设计。

[2]**1.3.1.28** 《饮食建筑设计规范》（JGJ 64-89）

本规范适用于城镇新建、改建或扩建的以下三类饮食建筑设计（包括单建和联建）：（1）营业性餐馆（简称餐馆）；（2）营业性冷热饮食店（简称饮食店）；（3）非营业性的食堂（简称食堂）。

[2]**1.3.1.29** 《博物馆建筑设计规范》（JGJ 66-91）

本标准适用于社会和自然历史博物馆，主要有选址、总平面、陈列室、藏品库、藏品防护、建筑设备。

[2]**1.3.1.30** 《办公建筑设计规范》（JGJ 67-2006）

本标准适用于行政、科教、设计办公楼，也适用于商业用写字楼，包括有办公用房、公共用房、服务用房和建筑设备。

[2]**1.3.1.31** 《特殊教育学校建筑设计规范》（JGJ 76-2003）

本标准适用于盲学校、聋学校和弱智学校，主要有总平面、普通和专用教室、康复训练用房、生活和劳动训练用房、防火设计、建筑设备。

[2]**1.3.1.32** 《汽车库建筑设计规范》（JGJ 100-98）

本规范适用于新建、扩建和改建汽车库建筑设计。主要内容有总则、术语、库址和总平面、坡道式汽车库、机械式汽车库、建筑设备。

[2]**1.3.1.33** 《老年人建筑设计规范》（JGJ 122-99）

本标准适用于老年人使用居住和公共建筑，主要有基地环境、老年人住宅、老年人公共和室内设施、建筑设备。

[2]**1.3.1.34** 《殡仪馆建筑设计规范》(JGJ 124-99)

本规范适用于我国城镇殡仪馆新建、改建和扩建工程的建筑设计。主要内容有总则、术语、选址、总平面设计、建筑设计、防护、防火设计、建筑设备。

[2]**1.3.1.35** 《看守所建筑设计规范》(JGJ 127-2000)

本规范适用于看守所的新建、改建和扩建工程的建筑设计。主要技术内容有总则、术语、选址和总平面布局、建筑设计、监室环境和建筑设备等。

[2]**1.3.1.36** 《镇(乡)村文化中心建筑设计规范》(JGJ 156-2008)

本标准适用于村镇文化中心设计，主要包括：规模分级，文化、科技、体育、休闲娱乐和展览等用房，公用部分，防火设计，室内外环境，相关设备等。

[2]**1.3.1.37** 《展览建筑设计规范》(JGJ 218-2010)

本规范适用于新建、改建和扩建的展览建筑的设计。主要技术内容有总则、术语、场地设计、建筑设计、防火设计、室内环境、建筑设备。

[2]**1.3.1.38** 《中小学校体育设施技术规程》(JGJ/T 280-2012)

本规程适用于城镇和农村中小学校(含非完全小学)的体育设施的设计、选材、施工、检验与验收及场地维护与养护。不适用于体育专业学校及特殊教育学校的体育设施。

[2]**1.3.1.39** 《乡镇集贸市场规划设计标准》(CJJ/T 87-2000)

本标准适用于县城以外建制镇和乡的辖区内集贸市场及其附属设施的规划设计。

[2]**1.3.1.40** 《村镇住宅设计规范》

在编工程建设国家标准。

[2]**1.3.1.41** 《养老设施建筑设计规范》

在编工程建设国家标准。

[2]**1.3.1.42** 《城镇防灾避难场所设计规范》

在编工程建设国家标准。

[2]**1.3.1.43** 《物流建筑设计规范》

在编工程建设国家标准。

[2]**1.3.1.44** 《监狱建筑设计规范》

在编工程建设行业标准。

[2]**1.3.1.45** 《科研建筑设计规范》

在编工程建设行业标准。

[2]**1.3.1.46** 《公墓和骨灰寄存建筑设计规范》

在编工程建设行业标准。

[2]**1.3.1.47** 《机械式立体停车库技术规范》

在编工程建设行业标准。

[2]**1.3.1.48** 《四川省普通养老院设计规范》

在编四川省工程建设地方标准。

[2]**1.3.1.49** 《人民防空工程兼作应急避难场所建设技术标准》

在编四川省工程建设地方标准。

[2]1.3.2 建筑技术专用标准

[2]**1.3.2.1** 《建筑地面设计规范》（GB 50037-2013）

本规范适用于建筑中的底层地面和楼层地面以及散水、明沟、踏步、台阶和坡道等的设计。本规范共分 6 章，主要内容包括总则、术语、地面类型、地面的垫层、地面的地基、地面的构造等。

[2]**1.3.2.2** 《人民防空地下室设计规范》（GB 50038-2005）

本规范主要内容包括总则、术语和符号、建筑、结构、采暖通风与空气调节、给水、排水、电气。

[2]**1.3.2.3** 《工业建筑防腐蚀设计规范》（GB 50046-2008）

本规范适用于受腐蚀性介质作用的工业建筑物和构筑物防腐蚀设计。主要内容有：总则，术语，基本规定，结构，建筑防护，构筑物，材料等。

[2]**1.3.2.4** 《城镇老年人设施规划规范》（GB 50437-2007）

本规范适用于城镇老年人设施的新建、扩建或改建的规划。

[2]**1.3.2.5** 《城市公共设施规划规范》（GB 50442-2008）

本规范适用于设市城市的城市总体规划及大、中城市的城市分区规划编制中的公共设施规划。

[2]**1.3.2.6** 《实验动物设施建筑技术规范》（GB 50447-2008）

本规范主要内容是：规定了实验动物设施分类和技术指标；实验动物设施建筑和结构的技术要求；对作为规范核心内容的空调、通风和空气净化部分，则详尽地规定了气流组织、系统构成及系统部件和材料的选择方案、构造和设计要求；还规定了实验动物设施的给水排水、电气、自控和消防设施配置的原则；最后对施工、检测和验收的原则、方法做了必要的规定。

[2]1.3.2.7 《墙体材料应用统一技术规范》（GB 50574-2010）

本规范主要内容包括：总则、术语和符号、墙体材料、建筑及建筑节能设计、结构设计、墙体裂缝控制与构造要求、施工、验收、墙体维护和试验。

[2]1.3.2.8 《坡屋面工程技术规范》（GB 50693-2011）

本规范适用于新建、扩建和改建的工业建筑、民用建筑坡屋面工程的设计、施工和质量验收。

[2]1.3.2.9 《城市居住区人民防空工程规划规范》（GB 50808-2013）

本规范适用于城市居住区的规划设计和人防工程建设。主要内容包括总则、术语、基本规定、配建指标与布局、设置要求。

[2]1.3.2.10 《玻璃幕墙工程技术规范》（JGJ 102-2003）

本规范适用于非抗震设计和抗震设防烈度为 6、7、8 度抗震设计的民用建筑玻璃幕墙工程的设计、制作、安装施工、工程验收，以及保养和维修。 主要技术内容有：总则，术语、符号，材料，建筑设计，结构设计的基本规定，框支承玻璃幕墙结构设计，全玻幕墙结构设计，点支承玻璃幕墙结构设计，加工制作，安装施工，工程验收，保养和维修，附录 A～C。

[2]1.3.2.11 《建筑玻璃应用技术规程》（JGJ 113-2009）

本规程适用于建筑玻璃的应用设计及安装施工。主要技术内容有：总则，术语，基本规定，材料，建筑玻璃抗风压设计，建筑玻璃防热炸裂设计与措施，建筑玻璃防人体冲击规定，百叶窗玻璃和屋面玻璃设计，地板玻璃设计，水下用玻璃设计，安装。

[2]1.3.2.12 《金属与石材幕墙工程技术规范》（JGJ 133-2001）

本规范主要技术内容有：总则，术语、符号，材料，结构设计，加工制作，安装施工，工程验收，保养与维修。

[2]1.3.2.13 《种植屋面工程技术规程》（JGJ 155-2007）

本规程的主要技术内容有：总则，术语，基本规定，种植屋面材料，种植屋面设计，种植屋面施工，质量验收。

[2]1.3.2.14 《建筑轻质条板隔墙技术规程》（JGJ/T 157-2008）

本规程适用于抗震设防烈度为 8 度和 8 度以下的地区及非抗震设防地区，以轻质条板隔墙（以下简称条板隔墙）作为居住建筑、公共建筑和一般工业建筑工程的非承重板材隔墙的设计、施工及验收。主要技术内容有：总则，术语，原材料及条板，条板隔墙设计，条板隔墙施工，条板隔墙工程验收。

[2] **1.3.2.15** 《建筑陶瓷薄板应用技术规程》（JGJ/T 172-2012）

本规程适用于吸水率不大于 0.5% 的建筑陶瓷薄板应用于室内地面、室内墙面以及抗震设防烈度不高于 8 度、粘贴高度不大于 24 m 的室外墙面等饰面工程的设计、施工和验收。

[2] **1.3.2.16** 《自流平地面工程技术规程》（JGJ/T 175-2009）

本规程适用于新建、扩建和改建的各类建筑室内自流平地面工程的设计、施工、质量检验与验收。

[2] **1.3.2.17** 《铝合金门窗工程技术规范》（JGJ 214-2010）

本规范适用于一般工业与民用建筑的铝合金门窗工程设计、制作、安装、验收和维护。

[2] **1.3.2.18** 《倒置式屋面工程技术规程》（JGJ 230-2010）

本规程适用于新建、扩建、改建和节能改造房屋建筑倒置式屋面工程的设计、施工和质量验收。

[2] **1.3.2.19** 《建筑外墙防水工程技术规范》（JGJ/T 235-2011）

本规程的主要技术内容包括：总则，术语，基本规定，材料，设计，施工，质量检查与验收。

[2] **1.3.2.20** 《建筑遮阳工程技术规范》（JGJ 237-2011）

本规范适用于新建、扩建和改建的民用建筑遮阳工程的设计、施工安装、验收与维护。

[2] **1.3.2.21** 《冰雪景观建筑技术规程》（JGJ 247-2011）

本规程适用于以冰、雪为主要材料的冰雪景观建筑的设计、施工、验收和维护管理。主要技术内容包括：总则，术语和符号，冰、雪材料的计算指标，冰雪景观建筑设计，冰雪景观建筑施工，配电、照明施工，工程质量验收，维护管理。

[2] **1.3.2.22** 《采光顶与金属屋面技术规程》（JGJ 255-2012）

本规程适用于民用建筑采光顶与金属屋面工程的材料选用、设计、制作、安装施工、工程验收以及维修和保养，适用于非抗震设计采光顶与金属屋面工程、抗震设防烈度为 6、7、8 度的采光顶工程和抗震设防烈度为 6、7、8 和 9 度的金属屋面工程。

[2] **1.3.2.23** 《装饰多孔砖夹心复合墙技术规程》（JGJ/T 274-2012）

本规程适用于严寒及寒冷地区的非抗震设防区和严寒及寒冷地区抗震设防烈度为 6～8 度地区夹心复合墙建筑的设计、施工及验收。

[2] **1.3.2.24** 《住宅室内防水工程技术规范》（JGJ 298-2013）

本规程适用于新建住宅的卫生间、厨房、浴室、设有配水点的封闭阳台、独立水容器（如小型泳池）等室内防水工程的设计、施工和质量验收。

[2] **1.3.2.25** 《回收金属面聚苯乙烯夹芯板建筑应用技术规程》(DB51/T 5064-2009)

本规程适用于采用过渡板房回收的金属面聚苯乙烯夹芯板在建筑墙体工程、建筑保温工程、屋面工程中几种典型应用方式的设计、施工及验收。

[2] **1.3.2.26** 《改性无机粉复合建筑饰面片材装饰工程技术规程》(DB51/T 5069-2010)

本规程适用于新建建筑和既有建筑的改性无机粉复合建筑饰面片材装饰工程的材料、设计、施工及验收。

[2] **1.3.2.27** 《四川省成品住宅装修工程技术标准》(DBJ51/T 015-2013)

本规程适用于四川省新建成品住宅套内装修工程的设计、施工、监理和验收。

[2] **1.3.2.28** 《建筑反射隔热涂料应用技术规程》(DBJ51/T 021-2013)

本规程适用于四川省温和及夏热冬冷气候地区新建、改建和扩建的民用建筑外墙与屋面采用建筑反射隔热涂料外饰面工程的设计、施工及验收。

[2] **1.3.2.29** 《装配式建筑设计规程》

在编工程建设行业标准。

[2] **1.3.2.30** 《公共建筑室内空间标识系统技术规范》

在编工程建设行业标准。

[2] **1.3.2.31** 《单层防水卷材屋面工程技术规程》

在编工程建设行业标准。

[2] **1.3.2.32** 《公共建筑吊顶工程技术规程》

在编工程建设行业标准。

[2] **1.3.2.33** 《装配整体式住宅建筑设计规程》

在编四川省工程建设地方标准。

[2]1.3.3 建筑评价专用标准

[2]**1.3.3.1** 《住宅性能评定技术标准》(GB/T 50362-2005)

本标准是目前我国唯一的有关住宅性能的评定技术标准，适合所有城镇新建和改建住宅；反映住宅的综合性能水平；体现节能、节地、节水、节材等产业技术政策，倡导土建装修一体化，提高工程质量；引导住宅开发和住房理性消费；鼓励开发商提高住宅性能。住宅性能级别要根据得分高低和部分关键指标双控确定。本标准主要技术内容为：总则、术语、住宅性能认定的申请和评定、适用性能的评定、环境性能的评定、经济性能的评定、安全性能的评定和耐久性能的评定及附录。

[2] **1.3.3.2** 《工业化建筑评价标准》

在编工程建设国家标准。

[2] **1.3.3.3** 《村镇住宅可持续发展评价标准》

在编工程建设行业标准。

[2] **1.3.3.4** 《历史文化村镇建筑综合评价标准》

在编工程建设行业标准。

2.2 建筑结构设计专业标准体系

2.2.1 综 述

2.2.1.1 国内外建筑结构技术发展

20 世纪 50 年代到 70 年代，我国经济实力薄弱，新型建筑材料很少，施工技术较为单一，建筑结构形式简单。民用房屋主要为木结构、砖混结构，并采用人工为主的施工方法；工业厂房主要为预制装配式的混凝土结构、钢结构，并采用机械吊装或人工安装的施工方法。

在 80 年代和 90 年代，由于广泛吸收国外先进的建筑结构技术，引进或自主开发了新材料、新产品、新工艺和新结构，从而使新型的高层、超高层建筑以及大型公共建筑等得到蓬勃发展。这个时期内的建筑结构技术基本与国际上的先进技术相接轨，计算机技术的迅速发展为建筑结构设计提供了有力的保证，各种新的建筑结构技术为实现新型建筑结构奠定了基础。

建筑结构的发展与所采用的材料和施工方法密切相关，主要体现在：

（1）混凝土结构（含钢筋混凝土和预应力混凝土结构）由装配式为主发展到以现浇为主；由低、中强混凝土发展到采用高性能（含高强度）混凝土或添加不同材料（含各种纤维）的改性混凝土；由低强、低延性钢筋为主发展到高强、高延性钢筋为主；由钢筋混凝土结构扩展到各类组合结构或混合结构。

（2）钢结构和冷弯薄壁钢结构所用材料的性能、品种、规格及成型工艺等呈多样化发展，从而扩大了它们的应用范围；在各类建筑结构中广泛应用，具有良好的前景。

（3）由不同材料和形式组成、且具有承重和满足热工性能要求的砌体结构取代传统的黏土砖结构；新型砌体结构将在其适用的建筑中得到广泛的采用。

（4）不同材料的幕墙结构正在大量应用。

（5）木结构将会在进口木材增多的情况下，应用在适宜的建筑中，其范围将得到进一步的拓展。

（6）膜结构已在一些建筑中应用；铝结构、玻璃结构也开始在某些建筑中应用。

为适应建筑结构技术的发展，编制配套、完善的建筑结构技术标准体系是新技术获得推广应用、保证建筑结构质量和安全的重要条件。

2.2.1.2 国内外技术标准情况

建筑结构技术标准的发展，主要取决于新型的材料、产品、结构形式、施工工艺以及使用观念的发展与变化。技术标准以约定的政策来推动新技术的应用，以保证建筑结构达到安全、经济、合理、先进的目的。

我国从20世纪50年代起开始大规模的经济建设，当时为满足工程建设急需，直接采用了苏联标准。为反映国情，60年代建筑工程部制定了《关于建筑结构问题的规定》等有关文件作为补充，并发布了我国第一本《钢筋混凝土结构设计规范》（GBJ 21-66）。60年代中期，开始考虑制定我国自己的建筑结构标准。为此展开了关于建筑结构安全度问题的学术讨论，并着手组织编制各类结构设计规范和施工验收规范。后由于种种原因而中断了标准制定。

70年代初，国家建委组织钢（含薄钢）结构、混凝土结构、砖石结构、木结构及荷载、抗震等有关设计规范的制定。这批标准于70年代中、后期相继颁布，初步反映了我国的建设经验，是我国首批较为配套的规范。由于受到苏联规范的影响以及国内科学试验研究不够等原因，这批规范较多地带上了苏联规范的烙印。当时标准管理部门已认识到：制定适用于我国的规范，必须全面总结我国工程实践的正、反面经验，开展标准需要的科学研究。为此，在70年代后期，围绕修订各类规范所需的课题项目，开展了必要的试验研究和工程调查；同时，开始学习、消化先进国家的标准规范。

基于70年代后期开展的结构可靠度的研究和学术讨论，在国内工程界逐步取得共识的基础上，制定了国家标准《建筑结构设计统一标准》（GBJ 68-84）。该标准提出了以概率理论为基础的结构极限状态设计原则，对结构上的作用（荷载）、材料性能和几何参数等代表值的确定、结构构件设计表达式以及材料、构件的质量控制等作出了规定。该标准的公布表明，我国规范从设计思想上已跻身于世界先进标准的行列。国家计委在批准该标准的通知中指出：该标准是制定或修订有关建筑结构标准、规范必须共同遵守的准则；其他工程结构标准、规范也应尽量符合该标准所规定的有关原则。此外，为与国际接轨，参考 ISO 标准，制定了国家标准《建筑结构设计通用符号、计量单位和基本术语》（GBJ 83-85）和《建筑结构制图标准》（GBJ 105-87）等。

在上述专业基础标准的基础上，相配套的各类结构设计的国家标准相继在 80 年代末和 90 年代初修订完成。这一代设计规范作为专业的通用标准，比 70 年代的规范有了较大的改进。标准的内容充分反映了新中国成立以来的科学研究成果和工程实践经验，同时也吸取了先进国家规范的合理规定，逐步开始与国际接轨。

由于存在时间差或具体执行的需要，作为专业通用标准的国家标准不能及时反映或具体概括各类材料、工艺、结构形式等的发展或变化，因此具体制定下属的具有特色性或补充性内容的行业标准（专用标准或技术规程）就成为必然。这类专用标准相当多的是以材料特性、结构类型和结构构件设计方法为先导，同时包括了施工工艺和施工质量的要求。这类标准既继承了国家标准的规定，同时也根据自身特点作了更具体的规定，有些甚至调整或修改了国家通用标准的有关规定。这类专用标准或规程，有些确能起到补充国家通用标准的作用；有些则因沟通、协调不够而引起矛盾。凡是标准规定不协调，就会对设计、施工的执行引起误导。因此标准之间的协调和衔接就十分重要。当行业专用标准的内容为下一轮修订的国家通用标准吸纳的情况下，该行业专用标准就应相应地终止执行；行业专用标准对国家通用标准的规定作实质性修改，也必须得到国家通用标准的认可，并在相应的条文说明中作出交代。应建立健全的标准管理制度，真正实现将通用标准作为制定专用标准的依据；上层标准的内容作为下层标准内容的共性提升；上层标准应制约下层标准。

建筑结构专业标准都是为了确保建筑结构可靠性。根据国际标准《结构可靠性总原则》（ISO2394：1998）结构的可靠性是一个总概念，包括各种作用的模型、设计规则、可靠性要素、结构反应和抗力、制造工艺、质量控制程序以及国家的各种要求，它们概括了我国建筑结构专业通用标准和专用标准的全部内容。

在国际上，对一种或一种以上材料组成的结构（如钢筋混凝土结构），通常是通过一本标准予以概括。规范中所采用的材料，均是按本国的或国际认可的标准进行生产的，结构规范只指明该材料种类、规格和设计用的力学指标等即可。国外规范不反映作坊式生产的材料；即不为经再加工而变性的材料重新编制一本标准。如果它仅改变了材料性能，仍可采用该材料的结构规范，仅需指明其力学指标的改变及适用范围的限制等即可。国外建筑结构类规范的另一特点是，将设计与施工质量的要求合在一本标准中颁布。这里指的规范属于技术规范，通常由专业协会编制，具有与我国国家标准相近的内容和地位，但并无行政性的强制性质。这些规范往往比较原则，其具体实施通常是通过指南、手册来实现的。

不难看出，我国现行的各类建筑结构标准确应进行必要的清理整顿。应做到：数量合理，上下层次标准协调，避免不必要的重复和矛盾。真正实现建筑结构专业技术标准体系的结构优化还需作出努力。

2.2.1.3 工程技术标准体系

1. 现行标准存在的问题

我国的建筑结构设计标准从 20 世纪 60 年代开始，经过 40 多年的发展，至今已形成了理论基础统一、表达方式基本统一、技术水平较高、基本满足工程需要、相互配套的、比较完整的技术标准体系。

当前的主要问题，一是在建筑结构通用标准与专用标准之间以及专用标准之间存在部分内容重复，需要通过修订尽量减少重复；二是专用标准中，同一类标准化对象有的有几本标准，应适当合并以减少标准总数量；三是正在编制的属于新技术的标准，要在近年内尽快完成；四是对技术难度较大的标准，要在近年内努力完成研究与编制工作。可以预计，再经 10 年努力，我国的建筑结构设计标准体系将可实现全面完整配套。

2. 本标准体系的特点

建筑结构设计专业标准分体系是在参考原中华人民共和国建设部《工程建设标准体系》（2003 年版）的基础上，结合我省地方工程建设标准编制现状建立的。其中包含国家、行业、四川省地方颁布的建筑结构设计专业标准，在竖向分为基础标准、通用标准、专用标准 3 个层次；在横向按结构材料与结构形式 10 个门类，形成了较科学、较完整、可操作的标准体系，能够适应今后建筑结构工程设计发展的需要。

从现实情况考虑，“建筑地基基础”专业中的基础结构设计，列入本专业的标准中。本专业的通用与专业标准中，仍以设计为主的内容进行编制，暂不列入施工质量要求。另外，考虑到与“建筑工程防灾”专业的分工，本专业的标准对抗震结构构件的设计和构造措施等做作出规定。

本体系表中含技术标准 142 项，其中国家标准 40 项，行业标准 91 项，地方标准 11 项；现行标准 97 项，在编标准 45 项，四川省待编标准 1 项。本体系是开放性的，技术标准名称、内容和数量均可根据需要而适当调整。

2.2.2 建筑结构设计专业标准体系框图

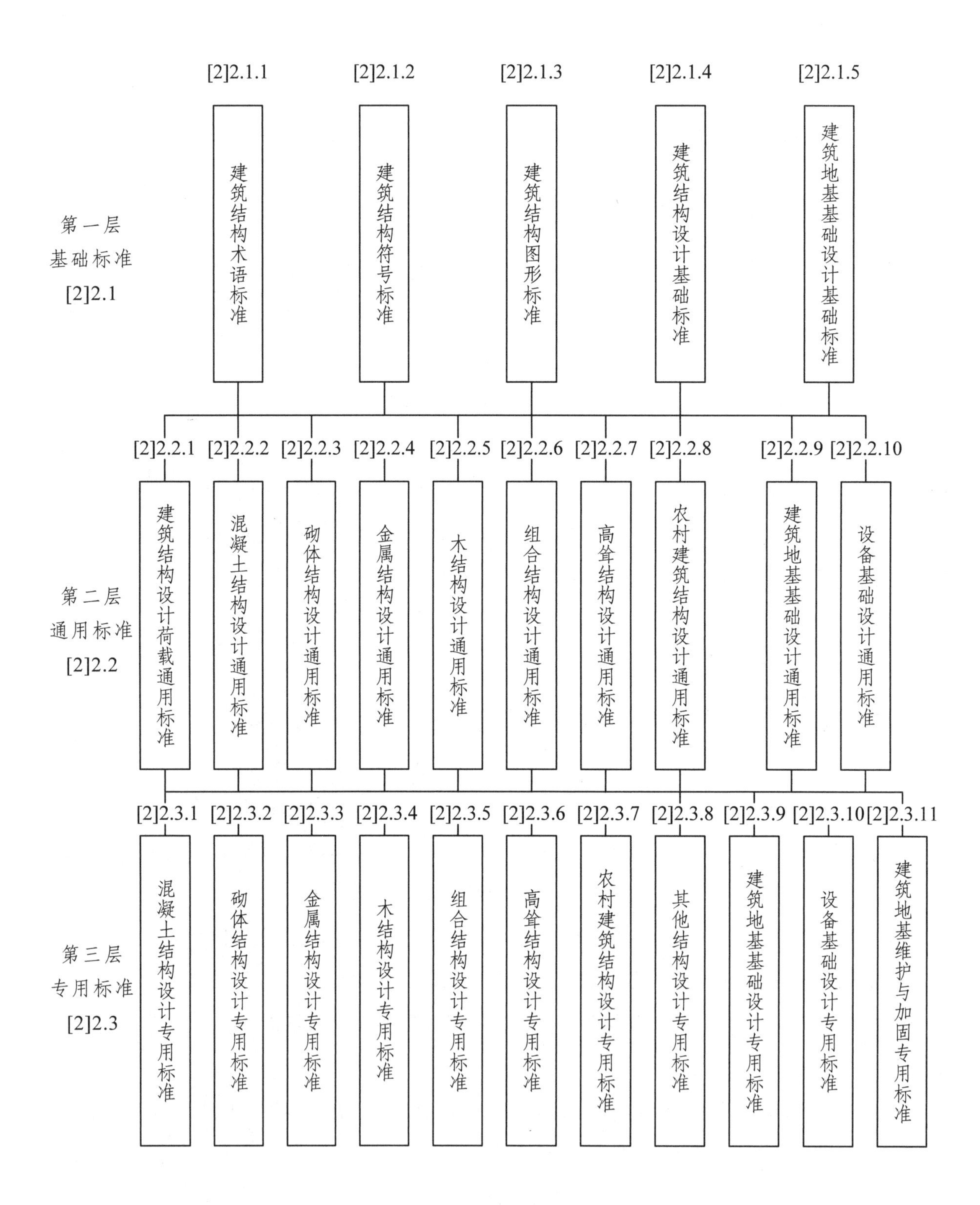

2.2.3 建筑结构设计专业标准体系表

体系编码	标准名称	现行标准	编制出版状况			备注
			现行	在编	待编	
[2]2.1	**结构专业基础标准**					
[2]2.1.1	**建筑结构术语标准**					
[2]2.1.1.1	建筑结构设计术语和符号标准	GB/T 50083-97	√			修订
[2]2.1.2	**建筑结构符号标准**					
[2]2.1.2.1	工程结构设计基本术语和通用符号	GBJ 132-90	√			修订
[2]2.1.3	**建筑结构图形标准**					
[2]2.1.3.1	建筑结构制图标准	GB/T 50105-2010	√			
[2]2.1.4	**建筑结构设计基础标准**					
[2]2.1.4.1	建筑结构可靠度设计统一标准	GB 50068-2001	√			
[2]2.1.4.2	工程结构可靠性设计统一标准	GB 50153-2008	√			
[2]2.1.5	**建筑地基基础设计基础标准**					
[2]2.1.5.1	建筑地基基础术语标准			√		国标
[2]2.2	**结构专业通用标准**					
[2]2.2.1	**建筑结构设计荷载通用标准**					
[2]2.2.1.1	建筑结构荷载规范	GB 50009-2012	√			
[2]2.2.2	**混凝土结构设计通用标准**					
[2]2.2.2.1	混凝土结构设计规范	GB 50010-2010	√			修订
[2]2.2.3	**砌体结构设计通用标准**					
[2]2.2.3.1	砌体结构设计规范	GB 50003-2011	√			
[2]2.2.3.2	多孔砖砌体结构技术规范(2002 年版)	JGJ 137-2001	√			
[2]2.2.4	**金属结构设计通用标准**					
[2]2.2.4.1	钢结构设计规范	GB 50017-2003	√			修订
[2]2.2.4.2	冷弯薄壁型钢结构技术规范	GB 50018-2002	√			修订

续表

体系编码	标准名称	现行标准	编制出版状况			备注
			现行	在编	待编	
[2]2.2.4.3	铝合金结构设计规范	GB 50429-2007	√			
[2]2.2.5	**木结构设计通用标准**					
[2]2.2.5.1	木结构设计规范（2005 年版）	GB 50005-2003	√			修订
[2]2.2.6	**组合结构设计通用标准**					
[2]2.2.6.1	型钢混凝土组合结构技术规程	JGJ 138-2001	√			修订
[2]2.2.7	**高耸结构设计通用标准**					
[2]2.2.7.1	高耸结构设计规范	GB 50135-2006	√			修订
[2]2.2.8	**农村建筑结构设计通用标准**					
[2]2.2.9	**建筑地基基础设计通用标准**					
[2]2.2.9.1	建筑地基基础设计规范	GB 50007-2011	√			
[2]2.2.9.2	成都地区建筑地基基础设计规范	DB 51/T 5026-2011	√			修订
[2]2.2.10	**设备基础设计通用标准**					
[2]2.2.10.1	动力机器基础设计规范	GB 50040-96	√			
[2]2.3	**结构专业专用标准**					
[2]2.3.1	**混凝土结构专用标准**					
[2]2.3.1.1	钢筋混凝土筒仓设计规范	GB 50077-2003	√			
[2]2.3.1.2	混凝土结构加固设计规范	GB 50367-2006	√			
[2]2.3.1.3	混凝土结构耐久性设计规范	GB/T 50476-2008	√			修订
[2]2.3.1.4	重晶石防辐射混凝土应用技术规范	GB/T 50557-2010	√			
[2]2.3.1.5	预防混凝土碱骨料反应技术规范	GB/T 50733-2011	√			
[2]2.3.1.6	装配式大板居住建筑设计和施工规程	JGJ 1-91	√			修订
[2]2.3.1.7	高层建筑混凝土结构技术规程	JGJ 3-2010	√			
[2]2.3.1.8	轻骨料混凝土结构技术规程	JGJ 12-2006	√			
[2]2.3.1.9	钢筋混凝土薄壳结构设计规程	JGJ/T 22-2012	√			

续表

体系编码	标准名称	现行标准	编制出版状况			备注
			现行	在编	待编	
[2]2.3.1.10	轻骨料混凝土技术规程	JGJ 51-2002	√			
[2]2.3.1.11	无粘结预应力混凝土结构技术规程	JGJ 92-2004	√			修订
[2]2.3.1.12	冷轧带肋钢筋混凝土结构技术规程	JGJ 95-2011	√			
[2]2.3.1.13	钢筋焊接网混凝土结构技术规程	JGJ 114-2003	√			修订
[2]2.3.1.14	冷轧扭钢筋混凝土构件技术规程	JGJ 115-2006	√			
[2]2.3.1.15	混凝土结构后锚固技术规程	JGJ 145-2004	√			修订
[2]2.3.1.16	混凝土异形柱结构技术规程	JGJ 149-2006	√			修订
[2]2.3.1.17	清水混凝土应用技术规程	JGJ 169-2009	√			
[2]2.3.1.18	补偿收缩混凝土应用技术规程	JGJ/T 178-2009	√			
[2]2.3.1.19	海砂混凝土应用技术规范	JGJ 206-2010	√			
[2]2.3.1.20	装配箱混凝土空心楼盖结构技术规程	JGJ/T 207-2010	√			
[2]2.3.1.21	纤维混凝土应用技术规程	JGJ/T 221-2010	√			
[2]2.3.1.22	预制预应力混凝土装配整体式框架结构技术规程	JGJ 224-2010	√			
[2]2.3.1.23	再生骨料应用技术规程	JGJ/T 240-2011	√			
[2]2.3.1.24	人工砂混凝土应用技术规程	JGJ/T 241-2011	√			
[2]2.3.1.25	现浇混凝土空心楼盖技术规程	JGJ/T 268-2012	√			
[2]2.3.1.26	混凝土结构工程无机材料后锚固技术规程	JGJ/T 271-2012	√			
[2]2.3.1.27	高强混凝土应用技术规程	JGJ/T 281-2012	√			
[2]2.3.1.28	自密实混凝土应用技术规程	JGJ/T 283-2012	√			
[2]2.3.1.29	高抛免振捣混凝土应用技术规程	JGJ/T 296-2013	√			
[2]2.3.1.30	磷渣混凝土应用技术规程	JGJ/T 308-2013	√			
[2]2.3.1.31	冷轧带肋钢筋预应力混凝土构件设计与施工技术规程	DB51-5005-93	√			

续表

体系编码	标准名称	现行标准	编制出版状况			备注
			现行	在编	待编	
[2]2.3.1.32	装配整体式混凝土结构设计规程	DBJ51/T 024-2014	√			
[2]2.3.1.33	混凝土复合墙体结构技术规程			√		行标
[2]2.3.1.34	缓凝结预应力混凝土结构技术规程			√		行标
[2]2.3.1.35	预应力混凝土结构设计规范			√		行标
[2]2.3.1.36	密肋复合墙结构技术规程			√		行标
[2]2.3.1.37	碱矿渣混凝土应用技术规程			√		行标
[2]2.3.1.38	喷射混凝土应用技术规程			√		行标
[2]2.3.1.39	预应力混凝土结构设计与施工技术规程			√		地标
[2]2.3.1.40	再生骨料混凝土应用技术规程			√		地标
[2]2.3.2	**砌体结构设计专用标准**					
[2]2.3.2.1	砌体结构加固设计规范	GB 50702-2011	√			
[2]2.3.2.2	混凝土小型空心砌块建筑技术规程	JGJ/T 14-2011	√			
[2]2.3.2.3	蒸压加气混凝土建筑应用技术规程	JGJ 17-2008	√			
[2]2.3.2.4	自保温混凝土复合砌块墙体应用技术规程			√		行标
[2]2.3.2.5	装饰多孔砖夹心复合墙砌体结构技术规程			√		行标
[2]2.3.2.6	非烧结砖砌体现场检测技术规程			√		行标
[2]2.3.3	**金属结构设计专用标准**					
[2]2.3.3.1	空间网格结构技术规程	JGJ 7-2010	√			
[2]2.3.3.2	建筑钢结构焊接技术规程	JGJ 81-2002	√			
[2]2.3.3.3	钢结构高强度螺栓连接技术规程	JGJ 82-2011	√			
[2]2.3.3.4	高层民用建筑钢结构技术规程	JGJ 99-98	√			修订
[2]2.3.3.5	轻型钢结构住宅技术规程	JGJ 209-2010	√			

续表

体系编码	标准名称	现行标准	编制出版状况			备注
			现行	在编	待编	
[2]2.3.3.6	低层冷弯薄壁型钢房屋建筑技术规程	JGJ 227-2011	√			
[2]2.3.3.7	拱形钢结构技术规程	JGJ/T 249-2011	√			
[2]2.3.3.8	建筑钢结构防腐蚀技术规程	JGJ/T 251-2011	√			
[2]2.3.3.9	索结构技术规程	JGJ 257-2012	√			
[2]2.3.3.10	门式刚架轻型房屋钢结构技术规范			√		国标
[2]2.3.3.11	建筑钢结构防火技术规范			√		国标
[2]2.3.3.12	轻型房屋钢结构技术规程			√		行标
[2]2.3.3.13	预应力钢结构技术规程			√		行标
[2]2.3.3.14	高强钢结构设计规程			√		行标
[2]2.3.3.15	铸钢结构技术规程			√		行标
[2]2.3.4	**木结构专用标准**					
[2]2.3.4.1	木骨架组合墙体技术规范	GB/T 50361-2005	√			修订
[2]2.3.4.2	胶合木结构技术规范	GB/T 50708-2012	√			
[2]2.3.4.3	轻型木桁架技术规范	JGJ/T 265-2012	√			
[2]2.3.4.4	交错桁架钢结构设计规程			√		行标
[2]2.3.5	**组合结构设计专用标准**					
[2]2.3.5.1	钢-混凝土组合结构设计规程	DL/T 5085-1999	√			修订
[2]2.3.5.2	格构轻钢轻骨料混凝土组合结构房屋技术规程			√		行标
[2]2.3.5.3	钢-混凝土组合空腔楼盖结构技术规程			√		行标
[2]2.3.6	**高耸结构设计专用标准**					
[2]2.3.6.1	烟囱设计规范	GB 50051-2013	√			
[2]2.3.6.2	混凝土电视塔结构技术规范	GB 50342-2003	√			
[2]2.3.6.3	高耸与复杂钢结构检测与鉴定技术标准			√		国标

续表

体系编码	标准名称	现行标准	编制出版状况			备注
			现行	在编	待编	
[2]2.3.7	**农村建筑结构设计专用标准**					
[2]2.3.8	**其他结构设计专用标准**					
[2]2.3.8.1	多层厂房楼盖抗微振设计规范	GB 50190-93	√			修订
[2]2.3.8.2	钢丝网架混凝土复合板结构技术规程	JGJ/T 273-2012	√			
[2]2.3.8.3	膜结构技术规程			√		行标
[2]2.3.8.4	石材背栓式干挂技术规程			√		行标
[2]2.3.8.5	轻板结构技术规程			√		行标
[2]2.3.8.6	山地建筑结构设计规程			√		行标
[2]2.3.8.7	建筑楼盖结构振动舒适度设计规范			√		行标
[2]2.3.8.8	建筑结构风振控制技术规范			√		行标
[2]2.3.8.9	建筑工程风洞试验方法标准			√		行标
[2]2.3.9	**建筑地基基础设计专用标准**					
[2]2.3.9.1	湿陷性黄土地区建筑规范	GB 50025-2004	√			修订
[2]2.3.9.2	膨胀土地区建筑技术规范	GB 50112-2013	√			
[2]2.3.9.3	复合土钉墙基坑支护技术规范	GB 50739-2011	√			
[2]2.3.9.4	复合地基技术规范	GB/T 50783-2012	√			
[2]2.3.9.5	高层建筑筏形与箱形基础技术规范	JGJ 6-2011	√			
[2]2.3.9.6	建筑地基处理技术规范	JGJ 79-2012	√			
[2]2.3.9.7	建筑桩基技术规范	JGJ 94-2008	√			
[2]2.3.9.8	冻土地区建筑地基基础设计规范	JGJ 118-2011	√			
[2]2.3.9.9	建筑基坑支护技术规程	JGJ 120-2012	√			
[2]2.3.9.10	载体桩设计规程	JGJ 135-2007	√			修订
[2]2.3.9.11	地下建筑工程逆作法技术规程	JGJ 165-2010	√			
[2]2.3.9.12	三岔双向挤扩灌注桩设计规程	JGJ 171-2009	√			

续表

体系编码	标准名称	现行标准	编制出版状况			备注
			现行	在编	待编	
[2]2.3.9.13	逆作复合桩基技术规程	JGJ/T 186-2009	√			
[2]2.3.9.14	刚柔性桩复合地基技术规程	JGJ/T 210-2010	√			
[2]2.3.9.15	现浇混凝土大直径管桩复合地基规范	JGJ/T 213-2010	√			
[2]2.3.9.16	大直径扩底灌注桩技术规程	JGJ/T 225-2010	√			
[2]2.3.9.17	混凝土基层喷浆处理技术规程	JGJ/T 238-2011	√			
[2]2.3.9.18	高压喷射扩大头锚杆技术规程	JGJ/T 282-2012	√			
[2]2.3.9.19	组合锤法地基处理技术规程	JGJ/T 290-2012	√			
[2]2.3.9.20	气泡混合轻质土填筑工程技术规程	CJJ/T 177-2012	√			
[2]2.3.9.21	先张法预应力高强混凝土管桩基础技术规程	DB51/T 5070-2010	√			
[2]2.3.9.22	成都地区基坑工程安全技术规范	DBJ51/T 5072-2011	√			
[2]2.3.9.23	盐渍土地区建筑技术规范			√		国标
[2]2.3.9.24	岩溶地区建筑地基基础技术规范			√		国标
[2]2.3.9.25	高填方地基技术规范			√		国标
[2]2.3.9.26	建筑工程逆作法技术规程			√		行标
[2]2.3.9.27	随钻跟管桩技术规程			√		行标
[2]2.3.9.28	咬合式排桩技术规程			√		行标
[2]2.3.9.29	劲性复合桩技术规程			√		行标
[2]2.3.9.30	吹填土地基处理技术规程			√		行标
[2]2.3.9.31	螺纹桩技术规程			√		行标
[2]2.3.9.32	水泥土复合管桩基础技术规程			√		行标
[2]2.3.9.33	建筑地下结构抗浮技术规范			√		行标
[2]2.3.9.34	长螺旋压灌灌注桩技术规程			√		行标
[2]2.3.9.35	建筑地下结构抗浮锚杆技术规程			√		地标
[2]2.3.9.36	旋挖钻孔灌注桩基技术规范			√		地标

续表

体系编码	标准名称	现行标准	编制出版状况			备注
			现行	在编	待编	
[2]2.3.9.37	大直径素混凝土置换灌注桩复合地基技术规范			√		地标
[2]2.3.9.38	四川省不透水土层地下室排水卸压抗浮技术规程			√		地标
[2]2.3.10	**设备基础设计专用标准**					
[2]2.3.10.1	地基动力特性测试规程	GB/T 50269-97	√			修订
[2]2.3.11	**建筑地基维护与加固专用标准**					
[2]2.3.11.1	建筑边坡工程技术规范	GB 50330-2002	√			修订
[2]2.3.11.2	建筑边坡工程鉴定与加固技术规范	GB 50843-2013	√			
[2]2.3.11.3	既有建筑地基基础加固技术规范	JGJ 123-2012	√			
[2]2.3.11.4	锚杆锚固质量无损检测技术规程	JGJ/T 182-2009	√			修订

2.2.4 建筑结构设计专业标准项目说明

[2]2.1 基础标准

[2]2.1.1 建筑结构术语标准

[2]2.1.1.1 《建筑结构设计术语和符号标准》(GB/T 50083-97)

本标准适用于结构荷载、混凝土结构、砌体结构、金属结构、木结构、组合结构、混合结构和特种结构等。本标准规定了建筑结构设计基本术语的名称、英文对照写法、术语的定义或解释。由标准 GB/T 50083、CECS11.、CECS83 合并而成。

[2]2.1.2 建筑结构符号标准

[2]2.1.2.1 《工程结构设计基本术语和通用符号》(GBJ 132-90)

本标准适用于结构荷载、混凝土结构、砌体结构、金属结构、木结构、组合结构、混合结构和特种结构等。本标准规定了建筑结构设计常用的各种量值符号及其概念和使用规则。

[2]**2.1.3 建筑结构图形标准**

[2]**2.1.3.1** 《建筑结构制图标准》（GB/T 50105-2010）

本标准适用于混凝土结构、砌体结构、金属结构、木结构、组合结构、混合结构和特种结构等。本标准规定了建筑结构的制图规则、有关制图的表示方法和标注方法。

[2]**2.1.4 建筑结构设计基础标准**

[2]**2.1.4.1** 《建筑结构可靠度设计统一标准》（GB 50068-2001）

本标准适用于建筑结构、组成结构的构件及地基基础的设计。

[2]**2.1.4.2** 《工程结构可靠性设计统一标准》（GB 50153-2008）

本标准适用于整个结构、组成结构的构件以及地基基础的设计；适用于结构施工阶段和使用阶段的设计；适用于既有结构的可靠性评定。

[2]**2.1.5 建筑地基基础设计基础标准**

[2]**2.1.5.1** 《建筑地基基础术语标准》

在编工程建设国家标准。本标准用于统一地基基础专业术语、英文译名及符号，作为通用标准及专用标准的基础。主要内容为中英对照的地基基础专业术语及符号。

[2]**2.2 通用标准**

[2]**2.2.1 建筑结构设计荷载通用标准**

[2]**2.2.1.1** 《建筑结构荷载规范》（GB 50009-2012）

本规范在国家标准《建筑结构荷载规范（2006 年版）》（GB 50009-2001）的基础上进行修订而成。本规范适用于建筑工程的结构设计。

[2]**2.2.2 混凝土结构设计通用标准**

[2]**2.2.2.1** 《混凝土结构设计规范》（GB 50010-2010）

本标准适用于素混凝土结构、钢筋混凝土结构和预应力混凝土结构的设计。本标准规定了混凝土结构材料的设计指标，承载力、变形和裂缝的设计方法和构造要求，以及结构构件的抗震设计方法和构造要求。

[2]**2.2.3 砌体结构设计通用标准**

[2]**2.2.3.1** 《砌体结构设计规范》（GB 50003-2011）

本规范适用于建筑工程的下列砌体结构设计，特殊条件下或有特殊要求的应按专门规定进行设计：（1）砖砌体，包括烧结普通砖、烧结多孔砖、蒸压灰砂普通砖、蒸压粉煤灰普通砖、混凝土普通砖、混凝土多孔砖的无筋和配筋砌体；（2）砌块砌体，包括混凝土砌块、轻集料混凝土砌块的无筋和配筋砌体；（3）石砌体，包括各种料石和毛石的砌体。

[2]**2.2.3.2** 《多孔砖砌体结构技术规范》（JGJ 137-2001）

本规范适用于非抗震设防区和抗震设防烈度为 6～9 度的地区，以 P 型烧结多孔砖和 M 型模数烧结多孔砖（以下简称多孔砖）为墙体材料的砌体结构的设计、施工及验收。

[2]**2.2.4 金属结构设计通用标准**

[2]**2.2.4.1** 《钢结构设计规范》（GB 50017-2003）

本规范适用于工业与民用房屋和一般构筑物的钢结构设计。

[2]**2.2.4.2** 《冷弯薄壁型钢结构技术规范》（GB 50018-2002）

本规范适用于建筑工程的冷弯薄壁型钢结构的设计与施工。

[2]**2.2.4.3** 《铝合金结构设计规范》（GB 50429-2007）

本规范适用于工业与民用建筑和构筑物的铝合金结构设计，不适用于直接受疲劳动力荷载的承重结构和构件设计。本规范主要内容是：总则，术语和符号，材料，基本设计规定，板件的有效截面，受弯构件的计算，轴心受力构件的计算，拉弯构件和压弯构件的计算，连接计算，构造要求，铝合金面板。

[2]**2.2.5 木结构设计通用标准**

[2]**2.2.5.1** 《木结构设计规范》（GB 50005-2003）

本标准适用于各种木材制作的木结构的设计。本标准规定了各种木结构（包括木网架结构）的材料设计指标、基本设计原则、各类结构构件的静力、疲劳和抗震设计方法及构造要求。由标准 GB 50005 修订而成。

[2]**2.2.6 组合结构设计通用标准**

[2]**2.2.6.1** 《型钢混凝土组合结构技术规程》（JGJ 138-2001）

本标准适用于型钢（内置和外置）-混凝土组合结构的构件设计。本标准规定了型钢-混凝土组合结构的设计要求、构造措施、抗震设计方法以及施工质量要求。

[2]**2.2.7 高耸结构设计通用标准**

[2]**2.2.7.1** 《高耸结构设计规范》（GB 50135-2006）

本规范适用于钢及钢筋混凝土高耸结构，包括广播电视塔、通信塔、导航塔等构筑物的设计。主要内容包括：总则，术语和符号，基本规定，荷载与作用，钢塔架和桅杆结构，混凝土圆筒形塔，地基与基础。

[2]2.2.8 农村建筑结构设计通用标准

[2]2.2.9 建筑地基基础设计通用标准

[2]2.2.9.1 《建筑地基基础设计规范》（GB 50007-2011）

本规范适用于工业与民用建筑（包括构筑物）的地基基础设计。对于湿陷性黄土、多年冻土、膨胀土以及在地震和机械振动荷载作用下的地基基础设计，尚应符合国家现行相应专业标准的规定。

[2]2.2.9.2 《成都地区建筑地基基础设计规范》（DB51/T 5026-2011）

本规范适用于成都市平原区和周边台地上修建的工业与民用建筑（包括构筑物）地基基础设计。

[2]2.2.10 设备基础设计通用标准

[2]2.2.10.1 《动力机器基础设计规范》（GB 50040-96）

本规范适用于下列各种动力机器的基础设计：（1）活塞式压缩机；（2）汽轮机组和电机；（3）透平压缩机；（4）破碎机和磨机；（5）冲击机器（锻锤、落锤）；（6）热模锻压力机；（7）金属切削机床。本规范不适用于楼层上的动力机器基础设计。

[2]2.3 专用标准

[2]2.3.1 混凝土结构设计专用标准

[2]2.3.1.1 《钢筋混凝土筒仓设计规范》（GB 50077-2003）

本规范适用于贮存散料，且平面形状为圆形或矩形的现浇钢筋混凝土筒仓、压缩空气混合粉料的调匀仓的设计。不适用于贮存青饲料及纤维状散料和湿法搅拌的筒仓设计。本规范主要技术内容包括总则、术语符号、布置原则及结构选型、结构上的荷载、结构计算及构造。附录有：贮料的物理特性参数，洞口应力及星仓仓壁计算，系数ξ、k及λ的值，旋转壳体在对称荷载下的薄膜内力，矩形筒仓按平面构件的内力计算，槽仓、浅圆仓贮料压力计算公式，贮料冲击系数及高温作用下混凝土和钢筋强度折减系数，预应力筋强度，摩擦系数，次弯矩次剪力计算系数及本规范用词说明。

[2]**2.3.1.2** 《混凝土结构加固设计规范》（GB 50367-2013）

本规范适用于房屋和一般构筑物钢筋混凝土承重结构加固的设计。

[2]**2.3.1.3** 《混凝土结构耐久性设计规范》（GB/T 50476-2008）

本标准适用于处于恶劣环境中混凝土结构的耐久性设计。本标准按不同的环境类别及设计使用年限，对各类混凝土结构材料的力学、化学性能提出要求，对附加构造或保护措施以及施工质量控制、使用维护等做出规定。

[2]**2.3.1.4** 《重晶石防辐射混凝土应用技术规范》（GB/T 50557-2010）

本规范适用于工业、农业、医疗、人防、科研试验等方面的现浇重晶石防辐射混凝土防护结构的设计、施工和质量验收，不适用于环境温度超过 80℃的工程结构。

[2]**2.3.1.5** 《预防混凝土碱骨料反应技术规范》（GB/T 50733-2011）

本规范的主要技术内容是：总则，术语，基本规定，骨料碱活性的检验，抑制骨料碱活性有效性检验，预防混凝土碱骨料反应的技术措施，质量检验与验收；附录 A 抑制骨料碱-硅酸反应活性有效性试验方法。

[2]**2.3.1.6** 《装配式大板居住建筑设计和施工规程》（JGJ 1-91）

本标准适用于工业与民用建筑装配式混凝土结构，包括混凝土升板结构及 V 形折板结构。在混凝土结构设计规范的基础上，本标准对装配式或装配整体式混凝土结构的设计方法、连接方式、细部构造以及施工质量等作出规定。

[2]**2.3.1.7** 《高层建筑混凝土结构技术规程》（JGJ 3-2010）

本规程适用于 10 层及 10 层以上或房屋高度大于 28 m 的住宅建筑以及房屋高度大于 24 m 的其他高层民用建筑混凝土结构。非抗震设计和抗震设防烈度为 6～9 度抗震设计的高层民用建筑结构，其适用的房屋最大高度和结构类型应符合本规程的有关规定。本规程不适用于建造在危险地段以及发震断裂最小避让距离内的高层建筑结构。

[2]**2.3.1.8** 《轻骨料混凝土结构技术规程》（JGJ 12-2006）

本规程适用于工业与民用房屋和一般构筑物中钢筋轻骨料混凝土和预应力轻骨料混凝土承重结构的设计、施工及验收。

[2]**2.3.1.9** 《钢筋混凝土薄壳结构设计规程》（JGJ/T 22-2012）

本规程适用于房屋和一般构筑物的现浇或装配整体式钢筋混凝土及预应力混凝土薄壳结构的设计。

[2]**2.3.1.10** 《轻骨料混凝土技术规程》（JGJ 51-2002）

本规程适用于无机轻骨料混凝土及其制品的生产、质量控制和检验。热工、水工、桥涵和船舶等用途的轻骨料混凝土可按本规程执行，但还应遵守相关的专门技术标准的有关规定。

[2]**2.3.1.11** 《无粘结预应力混凝土结构技术规程》（JGJ 92-2004）

本标准适用于采用无粘结预应力钢绞线的预应力混凝土结构。在混凝土结构设计规范的基础上，本标准对无粘结预应力混凝土结构的具有特殊性的原材料、设计方法及施工要求作出规定。

[2]**2.3.1.12** 《冷轧带肋钢筋混凝土结构技术规程》（JGJ 95-2011）

本标准适用于各类冷加工钢筋（冷拔、冷轧、冷扭）的混凝土结构。本标准将国内几种冷加工钢筋分别制定的混凝土结构技术规程统筹组合成一本技术规程，在混凝土结构设计规范的基础上，反映其具有特殊性的对原材料的要求及设计、施工方法。

[2]**2.3.1.13** 《钢筋焊接网混凝土结构技术规程》（JGJ 114-2003）

本标准适用于钢筋焊接网在混凝土结构中的应用。标准对各类细直径钢筋焊接网片的材料性能及其在混凝土结构中的应用及具有特色的设计、施工方法及构造措施作出规定。

[2]**2.3.1.14** 《冷轧扭钢筋混凝土构件技术规程》（JGJ 115-2006）

本规程适用于工业与民用建筑及一般构筑物采用冷轧扭钢筋配筋的钢筋混凝土结构和先张法预应力冷轧扭钢筋混凝土中、小型结构构件的设计与施工。

[2]**2.3.1.15** 《混凝土结构后锚固技术规程》（JGJ 145-2004）

本规程适用于被连接件以普通混凝土为基材的后锚固连接设计、施工与验收，不适用以砌体或轻混凝土为基材的锚固。

[2]**2.3.1.16** 《混凝土异形柱结构技术规程》（JGJ 149-2006）

本标准适用于混凝土异型柱结构。在混凝土结构设计规范的基础上，本标准对异型柱混凝土结构不同于一般结构的设计方法、构造措施及施工要求作出规定。

[2]**2.3.1.17** 《清水混凝土应用技术规程》（JGJ 169-2009）

本规程适用于表面有清水混凝土外观效果要求的混凝土工程的设计、施工与质量验收。

[2]**2.3.1.18** 《补偿收缩混凝土应用技术规程》（JGJ/T 178-2009）

本规程适用于补偿收缩混凝土的设计、施工和验收。

[2]**2.3.1.19** 《海砂混凝土应用技术规范》（JGJ 206-2010）

本规范适用于建设工程中海砂混凝土的配合比设计、施工、质量检验和验收。

[2]**2.3.1.20** 《装配箱混凝土空心楼盖结构技术规程》（JGJ/T 207-2010）

本规程适用于建筑工程中装配箱混凝土空心楼盖结构的设计、施工及验收。

[2]**2.3.1.21** 《纤维混凝土应用技术规程》（JGJ/T 221-2010）

本规程适用于钢纤维混凝土和合成纤维混凝土的配合比设计、施工、质量检验和验收。

[2]**2.3.1.22** 《预制预应力混凝土装配整体式框架结构技术规程》（JGJ 224-2010）

本规程适用于非抗震设防区及抗震设防烈度为 6 度和 7 度地区的除甲类以外的预制预应力混凝土装配整体式框架结构和框架-剪力墙结构的设计、施工及验收。

[2]**2.3.1.23** 《再生骨料应用技术规程》（JGJ/T 240-2011）

本规程的主要技术内容是：总则，术语和符号，基本规定，再生骨料的技术要求、进场检验、运输和储存，再生骨料混凝土，再生骨料砂浆，再生骨料砌块，再生骨料砖。

[2]**2.3.1.24** 《人工砂混凝土应用技术规程》（JGJ/T 241-2011）

本规程适用于人工砂混凝土的原材料质量控制、配合比设计、施工、质量检验与验收。

[2]**2.3.1.25** 《现浇混凝土空心楼盖技术规程》（JGJ/T 268-2012）

本规程适用于工业与民用建筑及一般构筑物的现浇钢筋混凝土及预应力混凝土空心楼盖结构的设计、施工及验收。

[2]**2.3.1.26** 《混凝土结构工程无机材料后锚固技术规程》（JGJ/T 271-2012）

本规范适用于钢筋混凝土、预应力混凝土以及素混凝土结构采用无机材料进行后锚固工程的设计、施工与验收；不适用于轻骨料混凝土及特种混凝土结构的后锚固。

[2]**2.3.1.27** 《高强混凝土应用技术规程》（JGJ/T 281-2012）

本规程适用于高强混凝土的原材料控制、性能要求、配合比设计、施工和质量检验。

[2]**2.3.1.28** 《自密实混凝土应用技术规程》（JGJ/T 283-2012）

本规程适用于自密实混凝土的材料选择、配合比设计、制备与运输、施工及验收。

[2]**2.3.1.29** 《高抛免振捣混凝土应用技术规程》（JGJ/T 296-2013）

本规范适用于高抛免振捣混凝土的原材料质量控制、配合比设计、制备、运输、施工和验收。

[2]**2.3.1.30** 《磷渣混凝土应用技术规程》（JGJ/T 308-2013）

本规程适用于磷渣混凝土的配合比设计、施工、质量检验与验收。

[2]**2.3.1.31** 《冷轧带肋钢筋预应力混凝土构件设计与施工技术规程》（DB 51-5005-93）

[2]**2.3.1.32** 《装配整体式混凝土结构设计规程》（DBJ51/T 024-2014）

本规程适用于四川省抗震设防烈度为 8 度及 8 度以下地区且抗震等级不高于二级的装配整体式混凝土结构的设计。

[2]**2.3.1.33** 《混凝土复合墙体结构技术规程》

在编工程建设行业标准。

[2]**2.3.1.34** 《缓凝结预应力混凝土结构技术规程》

在编工程建设行业标准。

[2]2.3.1.35 《预应力混凝土结构设计规范》

在编工程建设行业标准。

[2]2.3.1.36 《密肋复合墙结构技术规程》

在编工程建设行业标准。

[2]2.3.1.37 《碱矿渣混凝土应用技术规程》

在编工程建设行业标准。

[2]2.3.1.38 《喷射混凝土应用技术规程》

在编工程建设行业标准。

[2]2.3.1.39 《预应力混凝土结构设计与施工技术规程》

在编四川省工程建设地方标准。

[2]2.3.1.40 《再生骨料混凝土应用技术规程》

在编四川省工程建设地方标准。本规程适用于四川省内建筑垃圾再生骨料混凝土的配合比设计、建筑垃圾再生骨料混凝土工程和建筑垃圾再生骨料混凝土制品的过程控制和质量验收。

[2]2.3.2 砌体结构设计专用标准

[2]2.3.2.1 《砌体结构加固设计规范》(GB 50702-2011)

本规范适用于房屋和一般构筑物砌体结构的加固设计。

[2]2.3.2.2 《混凝土小型空心砌块建筑技术规程》(JGJ/T 14-2011)

本规程适用于非抗震地区和抗震设防烈度为 6～9 度地区，以混凝土小型空心砌块为墙体材料的房屋建筑的设计、施工及工程质量验收。

[2]2.3.2.3 《蒸压加气混凝土建筑应用技术规程》(JGJ 17-2008)

本规程适用于在抗震设防烈度为 6～8 度的地震区以及非地震区使用，强度等级为 A2.5 级及以上的蒸压加气混凝土砌块，强度等级为 A3.5 级以上的蒸压加气混凝土配筋板材的设计、施工与质量验收。

[2]2.3.2.4 《自保温混凝土复合砌块墙体应用技术规程》

在编工程建设行业标准。

[2]2.3.2.5 《装饰多孔砖夹心复合墙砌体结构技术规程》

在编工程建设行业标准。

[2]2.3.2.6 《非烧结砖砌体现场检测技术规程》

在编工程建设行业标准。

[2]**2.3.3 金属结构设计专用标准**

[2]**2.3.3.1** 《空间网格结构技术规程》（JGJ 7-2010）

本规程适用于主要以钢杆件组成的空间网格结构，包括网架、单层或双层网壳及立体桁架等结构的设计与施工。

[2]**2.3.3.2** 《建筑钢结构焊接技术规程》（JGJ 81-2002）

本规程适用于桁架或网架（壳）结构、多层和高层梁 / 柱框架结构等工业与民用建筑和一般构筑物的钢结构工程中，钢材厚度大于或等于 3 mm 的碳素结构钢和低合金高强度结构钢的焊接。适用的焊接方法包括手工电弧焊、气体保护焊、自保护焊、埋弧焊、电渣焊、气电立焊、栓钉焊及相应焊接方法的组合。

[2]**2.3.3.3** 《钢结构高强度螺栓连接技术规程》（JGJ 82-2011）

本规程适用于建筑钢结构工程中高强度螺栓连接的设计、施工与质量验收。

[2]**2.3.3.4** 《高层民用建筑钢结构技术规程》（JGJ 99-98）

本标准适用于高层民用建筑钢结构的设计与施工。在钢及薄壁型钢结构设计规范的基础上，本标准针对高层建筑的特点，从结构的整体考虑，提出了相应的设计原则、计算方法、构造措施及施工要求。

[2]**2.3.3.5** 《轻型钢结构住宅技术规程》（JGJ 209-2010）

本规程适用于以轻型钢框架为结构体系，并配套有满足功能要求的轻质墙体、轻质楼板和轻质屋面建筑系统，层数不超过 6 层的非抗震设防以及抗震设防烈度为 6～8 度的轻型钢结构住宅的设计、施工及验收。

[2]**2.3.3.6** 《低层冷弯薄壁型钢房屋建筑技术规程》（JGJ 227-2011）

本规程适用于以冷弯薄壁型钢为主要承重构件，层数不大于 3 层，檐口高度不大于 12 m 的低层房屋建筑的设计、施工及验收。

[2]**2.3.3.7** 《拱形钢结构技术规程》（JGJ/T 249-2011）

本规程适用于工业与民用建筑和构筑物中拱形钢结构的设计、制作、安装及验收。

[2]**2.3.3.8** 《建筑钢结构防腐蚀技术规程》（JGJ/T 251-2011）

本标准适用于对钢结构进行防腐蚀的设计与施工。根据钢结构所处的环境等级，提出了对钢材性能、涂覆材料、施工方法、维护措施等的技术要求，以保证钢结构的耐久性。

[2]**2.3.3.9** 《索结构技术规程》（JGJ 257-2012）

本规程适用于以索为主要受力构件的各类建筑索结构，包括悬索结构、斜拉结构、张弦结构及索穹顶等的设计、制作、安装及验收。

[2]**2.3.3.10** 《门式刚架轻型房屋钢结构技术规范》

在编工程建设国家标准。本标准适用于各种跨度的门式刚架轻型房屋结构。在钢及薄壁型钢结构设计规范的基础上，本标准对其具有特点的设计方法、拼装连接、构造措施、施工质量的要求提供了技术依据。

[2]**2.3.3.11** 《建筑钢结构防火技术规范》

在编工程建设国家标准。

[2]**2.3.3.12** 《轻型房屋钢结构技术规程》

在编工程建设行业标准。

[2]**2.3.3.13** 《预应力钢结构技术规程》

在编工程建设行业标准。

[2]**2.3.3.14** 《高强钢结构设计规程》

在编工程建设行业标准。

[2]**2.3.3.15** 《铸钢结构技术规程》

在编工程建设行业标准。

[2]2.3.4 木结构设计专用标准

[2]**2.3.4.1** 《木骨架组合墙体技术规范》（GB/T 50361-2005）

本规范适用于住宅建筑、办公楼和《建筑设计防火规范》（GBJ 16）规定的丁、戊类工业建筑的非承重墙体的设计、施工、验收和维护管理。

[2]**2.3.4.2** 《胶合木结构技术规范》（GB/T 50708-2012）

本规范适用于建筑工程中承重胶合木结构的设计、生产制作和安装。主要技术内容包括：总则、术语和符号、材料、基本设计规定、构件设计、连接设计、构件防火设计、构造要求、构件制作与安装、防护与维护。

[2]**2.3.4.3** 《轻型木桁架技术规范》（JGJ/T 265-2012）

本规范适用于在建筑工程中采用金属齿板进行节点连接的轻型木桁架及相关结构体系的设计、制作、安装和维护管理。

[2]**2.3.4.4** 《交错桁架钢结构设计规程》

在编工程建设行业标准。

[2]2.3.5 组合结构设计专用标准

[2]**2.3.5.1** 《钢-混凝土组合结构设计规程》（DL/T 5085-1999）

本规程规定了钢管混凝土结构、外包钢混凝土结构及钢-混凝土组合梁的设计计算方法和构造要求，适用于新建、扩建或改建火力发电厂（以下简称发电厂）建（构）筑物的钢-混凝土组合结构设计。一般工业与民用建（构）筑物的钢-混凝土组合结构设计可参照执行。

[2]**2.3.5.2** 《格构轻钢轻骨料混凝土组合结构房屋技术规程》

在编工程建设行业标准。

[2]**2.3.5.3** 《钢-混凝土组合空腔楼盖结构技术规程》

在编工程建设行业标准。

[2]2.3.6 高耸结构设计专用标准

[2]**2.3.6.1** 《烟囱设计规范》（GB 50051-2013）

本规范用于砖烟囱、钢筋混凝土烟囱、钢烟囱、套筒式烟囱、多管式烟囱、烟囱基础和烟道设计。

[2]**2.3.6.2** 《混凝土电视塔结构技术规范》（GB 50342-2003）

本规范适用于混凝土电视塔结构的设计和施工。主要内容包括混凝土结构电视塔的设计、施工及安装，设备安装和影响工程投资、工程质量和安全等技术要求。

[2]**2.3.6.3** 《高耸与复杂钢结构检测与鉴定技术标准》

在编工程建设国家标准。

[2]2.3.7 农村建筑结构设计专用标准

[2]2.3.8 其他结构设计专用标准

[2]**2.3.8.1** 《多层厂房楼盖抗微振设计规范》（GB 50190-93）

本标准适用于有抗微振要求的混凝土结构。在混凝土结构设计规范的基础上，对有抗微振要求的混凝土楼盖结构的特殊设计要求作出规定。

[2]**2.3.8.2** 《钢丝网架混凝土复合板结构技术规程》（JGJ/T 273-2012）

本规程的主要技术内容是：总则、术语和符号、材料、设计规定、结构计算与截面设计、构造措施、施工、施工质量验收。

[2]**2.3.8.3** 《膜结构技术规程》

在编工程建设行业标准。

[2]**2.3.8.4** 《石材背栓式干挂技术规程》

在编工程建设行业标准。

[2]**2.3.8.5** 《轻板结构技术规程》

在编工程建设行业标准。

[2]**2.3.8.6** 《山地建筑结构设计规程》

在编工程建设行业标准。

[2]**2.3.8.7** 《建筑楼盖结构振动舒适度设计规范》

在编工程建设行业标准。

[2]**2.3.8.8** 《建筑结构风振控制技术规范》

在编工程建设行业标准。

[2]**2.3.8.9** 《建筑工程风洞试验方法标准》

在编工程建设行业标准。

[2]2.3.9 建筑地基基础设计专用标准

[2]**2.3.9.1** 《湿陷性黄土地区建筑规范》(GB 50025-2004)

本标准适用于湿陷性黄土地区工业与民用建筑物、构筑物及其附属工程的勘察、设计、施工和维护管理。主要内容为湿陷性黄土的判别、黄土地基的设计、沉降计算、黄土地基处理的方法、防水与结构措施等。

[2]**2.3.9.2** 《膨胀土地区建筑技术规范》(GB 50112-2013)

本规范适用于膨胀土地区建筑工程的勘察、设计、施工和维护管理。主要内容为:膨胀土的判别,膨胀土地基的分级,膨胀与收缩变形的计算,湿陷系数的计算方法;膨胀土地基设计方法、处理方法;坡地建筑地基水平膨胀的防治措施;膨胀土中桩的设计方法以及膨胀土地基的施工与维护等。

[2]**2.3.9.3** 《复合土钉墙基坑支护技术规范》(GB 50739-2011)

本规范适用于建筑与市政工程中复合土钉墙基坑支护工程的勘察、设计、施工、检测和监测。

[2]**2.3.9.4** 《复合地基技术规范》(GB/T 50783-2012)

本规范适用于复合地基的设计、施工及质量检验。

[2]**2.3.9.5** 《高层建筑筏形与箱形基础技术规范》(JGJ 6-2011)

本规范适用于高层建筑筏形与箱形基础的设计、施工与监测。主要内容为箱、筏基础的勘察要点,地基计算、结构设计与构造要求及施工要点。

[2]**2.3.9.6** 《建筑地基处理技术规范》(JGJ 79-2012)

本标准适用于建筑工程地基处理的设计、施工和质量检验。规定约 13 类 22 种主要地基处理方法的适用范围、设计与施工方法及质量检验标准。

[2]**2.3.9.7** 《建筑桩基技术规范》（JGJ 94-2008）

本规范适用于建筑（包括构筑物）桩基的设计、施工及验收。主要内容为桩基构造，桩基计算，灌注桩、预制桩和钢桩的施工，承台设计与施工，桩基工程质量检查及验收。

[2]**2.3.9.8** 《冻土地区建筑地基基础设计规范》（JGJ 118-2011）

本规范适用于季节冻土和多年冻土地区工业与民用建筑（包括构筑物）地基基础的设计。

[2]**2.3.9.9** 《建筑基坑支护技术规程》（JGJ 120-2012）

本规程适用于一般地质条件下临时性建筑基坑支护的勘察、设计、施工、检测、基坑开挖与监测。对湿陷性土、多年冻土、膨胀土、盐渍土等特殊土或岩石基坑，应结合当地工程经验应用本规程。

[2]**2.3.9.10** 《载体桩设计规程》（JGJ 135-2007）

本规程适用于工业与民用建筑和构筑物的载体桩设计。

[2]**2.3.9.11** 《地下建筑工程逆作法技术规程》（JGJ 165-2010）

本规程的主要内容有：总则、术语和符号、基本规定、岩土工程勘察、设计、施工、现场监测和工程质量验收。

[2]**2.3.9.12** 《三岔双向挤扩灌注桩设计规程》（JGJ 171-2009）

本规程适用于工业与民用建（构）筑物三岔双向挤扩灌注桩基础的设计、检查与检测。

[2]**2.3.9.13** 《逆作复合桩基技术规程》（JGJ/T 186-2009）

本规程适用于地基土为黏性土及中密、稍密的砂土的逆作复合桩基的设计、施工、检测及验收，也适用于既有建筑物的地基基础加固；不适用于高灵敏性的黏性土。

[2]**2.3.9.14** 《刚柔性桩复合地基技术规程》（JGJ/T 210-2010）

本规程适用于建筑与市政工程刚-柔性桩复合地基的设计、施工及质量检测。

[2]**2.3.9.15** 《现浇混凝土大直径管桩复合地基规范》（JGJ/T 213-2010）

本规程适用于建筑、市政工程软土地基处理中桩径为 1 000～1 250 mm 的现浇混凝土大直径管桩复合地基的设计、施工和质量检验。

[2]**2.3.9.16** 《大直径扩底灌注桩技术规程》（JGJ/T 225-2010）

本规程适用于建筑工程的大直径扩底灌注桩的勘察、设计、施工及质量检验。

[2]**2.3.9.17** 《混凝土基层喷浆处理技术规程》（JGJ/T 238-2011）

本规程适用于新建、扩建和改建的工程的混凝土基层喷浆处理施工与质量验收。

[2]**2.3.9.18** 《高压喷射扩大头锚杆技术规程》（JGJ/T 282-2012）

本规程适用于土层锚固高压喷射扩大头锚杆的设计、施工、检验与试验。本规程的主要技术内容是：总则，术语和符号，基本规定，设计，施工和工程质量检验，试验。

[2]**2.3.9.19** 《组合锤法地基处理技术规程》（JGJ/T 290-2012）

本规程适用于建设工程中采用组合锤法处理地基的设计、施工及质量检验。

[2]**2.3.9.20** 《气泡混合轻质土填筑工程技术规程》（CJJ/T 177-2012）

本规程适用于道路工程、建筑工程等领域的气泡混合轻质土的设计、施工及检验。

[2]**2.3.9.21** 《先张法预应力高强混凝土管桩基础技术规程》（DB51/T 5070-2010）

本规程适用于四川省抗震设防烈度为 8 度（0.2*g*）及以下地区的桩端非液化土场地新建、改建、扩建的工业与民用建（构）筑物工程管桩基础生产、勘察、低承台基础设计和施工、质量验收。

[2]**2.3.9.22** 《成都地区基坑工程安全技术规范》（DBJ51/T 5072-2011）

本规范适用于成都市内建筑基坑工程的勘察、设计、施工、检测、监测、安全控制和周边保护。

[2]**2.3.9.23** 《盐渍土地区建筑技术规范》

在编工程建设国家标准。

[2]**2.3.9.24** 《岩溶地区建筑地基基础技术规范》

在编工程建设国家标准。

[2]**2.3.9.25** 《高填方地基技术规范》

在编工程建设国家标准。

[2]**2.3.9.26** 《建筑工程逆作法技术规程》

在编工程建设行业标准。

[2]**2.3.9.27** 《随钻跟管桩技术规程》

在编工程建设行业标准。

[2]**2.3.9.28** 《咬合式排桩技术规程》

在编工程建设行业标准。

[2]**2.3.9.29** 《劲性复合桩技术规程》

在编工程建设行业标准。

[2]**2.3.9.30** 《吹填土地基处理技术规程》

在编工程建设行业标准。

[2]**2.3.9.31** 《螺纹桩技术规程》

在编工程建设行业标准。

[2]2.3.9.32 《水泥土复合管桩基础技术规程》

在编工程建设行业标准。

[2]2.3.9.33 《建筑地下结构抗浮技术规范》

在编工程建设行业标准。

[2]2.3.9.34 《长螺旋压灌灌注桩技术规程》

在编工程建设行业标准。

[2]2.3.9.35 《建筑地下结构抗浮锚杆技术规程》

在编四川省工程建设地方标准。本规程适用于四川省内地下室结构抗浮锚杆的设计、施工、检测。

[2]2.3.9.36 《旋挖钻孔灌注桩基技术规范》

在编四川省工程建设地方标准。本规范适用于四川省内建筑工程高层建筑和深埋基础的地基处理工程。

[2]2.3.9.37 《大直径素混凝土置换灌注桩复合地基技术规范》

在编四川省工程建设地方标准。本规范适用于四川省内建筑工程高层建筑和深埋基础的地基处理工程。

[2]2.3.9.38 《四川省不透水土层地下室排水卸压抗浮技术规程》

在编四川省工程建设地方标准。本规程适用于四川省境内建筑工程地下室位于不透水土层的设计、施工及使用过程的抗浮问题。

[2]2.3.10 设备基础设计专用标准

[2]2.3.10.1 《地基动力特性测试规程》（GB/T 50269-97）

本规范适用于各类建筑物和构筑物的天然地基和人工地基的动力特性测试。

[2]2.3.11 建筑地基维护与加固设计专用标准

[2]2.3.11.1 《建筑边坡工程技术规范》（GB 50330-2013）

本标准适用于建筑边坡工程的勘察、设计与施工。主要内容是规定建造房屋等建筑工程所应考虑的场地地质条件、规划、荷载和减灾措施等设计原则；岩、土边坡的地质勘察；稳定性评价；侧向岩、土压力的计算；各类锚固结构及挡土墙的设计方法；工程滑坡、危岩、崩塌的防治；边坡工程的施工和监测。

[2]2.3.11.2 《建筑边坡工程鉴定与加固技术规范》（GB 50843-2013）

本规范主要技术内容是：总则，术语和符号，基本规定，边坡加固工程勘察，边坡工程鉴定，边坡加固工程设计计算，边坡工程加固方法，边坡工程加固，监测和加固工程施工及验收。

[2]**2.3.11.3** 《既有建筑地基基础加固技术规范》（JGJ 123-2012）

本规范适用于既有建筑因勘察、设计、施工或使用不当，增加荷载、纠倾、移位、改建、古建筑保护，遭受邻近新建建筑、深基坑开挖、新建地下工程或自然灾害的影响等而需对其地基和基础进行加固的设计和施工。主要技术内容是：总则，术语和符号，基本规定，地基基础鉴定，地基基础计算，增层改造，纠倾加固，移位加固，托换加固，事故预防与补救，加固方法，检验与监测。

[2]**2.3.11.4** 《锚杆锚固质量无损检测技术规程》（JGJ/T 182-2009）

本规程适用于建筑工程全长黏结锚杆锚固质量的无损检测。主要技术内容是：总则，术语和符号，基本规定，检测仪器设备，声波反射法，现场检测，质量评定等。

2.3 风景园林设计专业标准体系

2.3.1 综　述

风景园林专业随着社会经济和科学技术的发展而不断拓展，它包括传统园林学、城市绿化学和大地景观学三个部分。传统园林学是以工程技术和艺术为手段，通过因地制宜地改造地形、整治水系、栽种植物、营造建筑和布置园路等方法创作而成的改善生态、美化环境和提供人们游憩休闲境域的活动；城市绿化学则研究园林绿化在城市中的作用，通过城市绿地系统规划确定城市中各类绿地的布局、结构和规模；大地景观学是在城乡区域范围内，根据生态、游憩和审美的要求，以保护自然、文化遗产资源，保存自然景观和协调城乡发展为目标，对风景名胜区、休养胜地、自然保护区进行系统的规划和研究。

随着全社会对城市可持续发展的认识，人们对生活环境质量提出了更高的要求，传统园林向城市绿化，即将整个城市作为园林建设的对象而发展。园林城市的创建、城市绿地系统的规划和建设、人居环境的优化、自然文化遗产的保护和管理、风景名胜区的建立、重大建设项目景观环境规划论证等都成为现代风景园林发展的重要领域。风景园林作为改善城乡生态环境、美化环境的市政公用设施，被列为对国民经济发展具有全局性、先导性影响的基础性行业之一，得到越来越广泛的关注，已经成为现代城乡建设的工作重心之一。

2.3.1.1 国内外风景园林技术发展状况

1. 国内技术发展状况

今天，人们更强调发挥风景园林的综合作用。风景园林从独立、分散的园林和绿地发展成为整体的城市绿地系统。城市绿地系统由公园绿地、生产绿地、防护绿地、附属绿地和其他绿地有机构成，在城市中发挥“生态、社会、经济”等综合功能，能够提高城市的整体环境质量。

风景园林科技水平有了大幅度提高，在规划、设计、施工、管理等方面取得多项科研成果，理论与实践成果显著。风景园林技术标准从无到有，逐步完善，园林植物和动物引种繁育工作加强，植物新品种增加，园林小品和市政建设材料向环保型材料发展，园林养护和管理开始规范化，植物病虫害防治逐步采用无公害技术。

2. 国外技术发展状况

国外风景园林建设注重保护生物多样性与地域性特征，城乡绿化提倡选用乡土植物，以减少外来物种对本地物种的干扰和对环境的影响。在规划和设计方面引入公众参与、生物最小循环系统圈等社会、生态观念，强调发挥风景园林的综合作用，并注意采用节能措施，如植物温室用太阳能发电、收集雨水灌溉绿地等。建筑材料向环保型、再生化、自然化发展。

2.3.1.2 国内外风景园林技术标准状况

1. 国内技术标准状况

我国风景园林标准化工作起步较晚。由于在“文化大革命”期间专业被撤销，风景园林行业的发展在10余年中处于停滞，甚至后退状态，行业的标准化程度很低。

20世纪80年代初开始制定风景园林技术标准。1983年城乡建设环境保护部组织编制了第一个“工程建设标准体系”，其中，风景园林绿化标准体系共列出各类标准187项，涉及工程和产品的所有技术方面。由于该体系内容繁杂，标准的制定工作并没有按照该体系进行。1993 年建设部又组织编制了“建设部技术标准体系表”，风景园林专业的名称定为“风景、园林、绿化专业”，其内容包括工程和产品两部分，并分为强制性和推荐性两类标准，共列标准 60 项。但该体系没有被批准实施。

第一本风景园林专业的工程标准于 1986 年颁布实施。至今，已编制完成《公园设计规范》《风景名胜区规划规范》《城市道路绿化规划与设计规范》《城市绿化工程施工与验收规范》《城市园林工人技术等级标准》《动物园动物管理技术规程》《风景园林图示图例标准》和《城市绿地分类标准》8 本标准，在编的标准有《园林基本术语标准》。

2. 国外技术标准状况

国外许多国家都十分重视风景园林行业的发展，其标准化工作得到普遍重视。由于风景园林涉及多门学科，有关标准有时也划分到与其相关的各学科中，如园艺、环境保护、地质、农业、林业、生物科学、城市规划、建筑及工程、机械与设备等学科和领域，建立了较为综合、科学的标准化体系。风景园林行业标准众多、细致，对专业的主要技术环节均可进行有效的控制。

2.3.1.3 风景园林技术标准体系

1. 现行标准存在的问题

由于近年来我国风景园林行业发展很快，其建设工程范围不断拓展，原有的标准体系中存在

（1）风景园林专业与城市规划的交叉，如《城市道路绿化规划与设计规范》归在城市规划标准体系。

（2）风景名胜区规划与建设内容欠缺，《风景名胜区规划规范》未纳入标准体系；标准体系亟须根据发展进行调整和完善。同时，风景园林行业的发展也使该行业在城建、建工行业地位得以提高。因此，需要根据我国未来城市发展和环境变化的预测重新建立标准体系，以保证标准编制工作有效地开展。

2. 本标准体系的特点

（1）拓展风景园林标准体系涵盖领域，协调城市建设中风景园林规划、设计标准与城市规划专业、信息技术应用专业中相关标准的关系，将城市绿地系统规划标准归入城市规

划标准体系；风景园林信息化建设标准归入信息技术应用专业；园林工程主体标准设在风景园林技术标准体系中。

（2）标准体系分为城镇园林、风景名胜区和风景园林综合三个部分，力求使标准体系中每部分的综合性更强，应用范围更广。

（3）就现有标准进行筛选，对个别涉及面窄的标准增加内容，对可应用广的标准扩大其适用性。

本体系表中含技术标准 24 项，其中国家标准 3 项，行业标准 21 项；现行标准 12 项，在编标准 12 项。本体系是开放性的，技术标准名称、内容和数量均可根据需要而适当调整。

2.3.2 风景园林设计专业标准体系框图

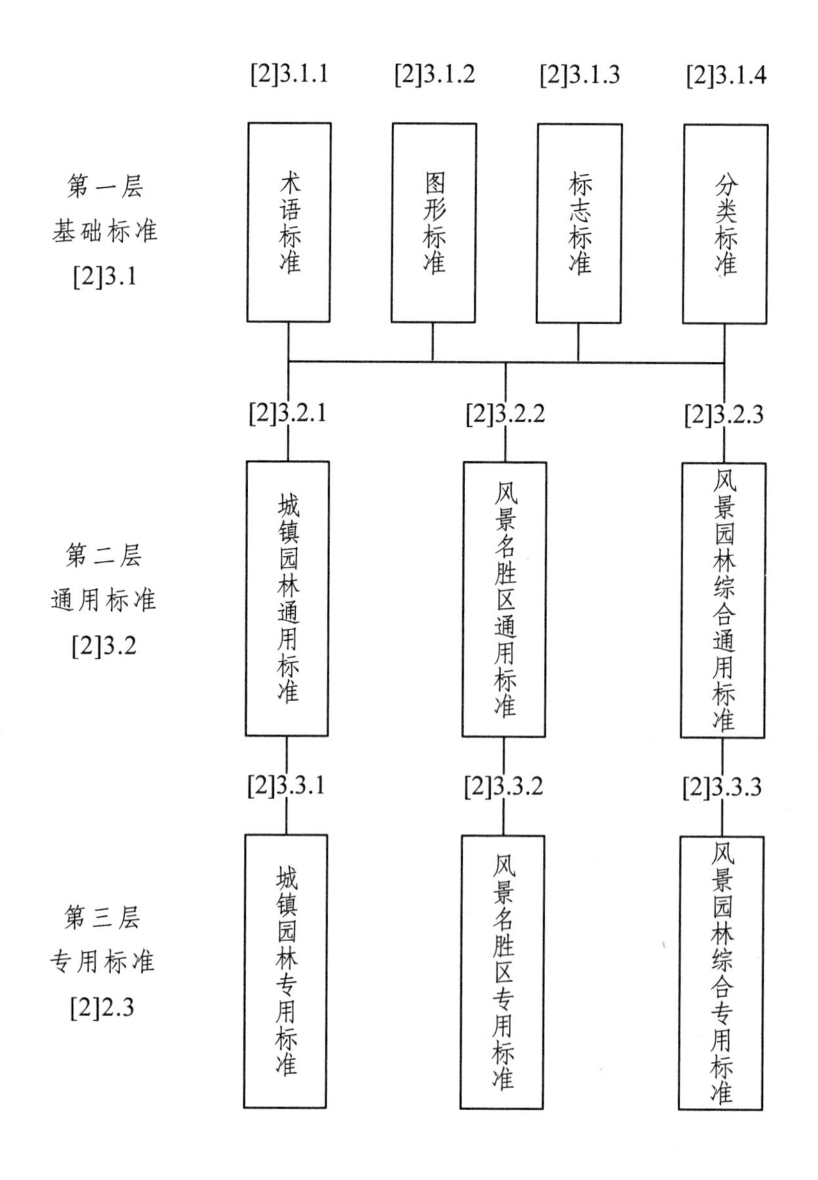

2.3.3 风景园林设计专业标准体系表

体系编码	标准名称	现行标准	编制出版情况			备注
			现行	在编	待编	
[2]3.1	**风景园林专业基础标准**					
[2]3.1.1	**术语标准**					
[2]3.1.1.1	园林基本术语标准	CJJ/T 91-2002	√			修订
[2]3.1.2	**图形标准**					
[2]3.1.2.1	风景园林制图标准	CJJ 67-95	√			修订
[2]3.1.3	**标志标准**					
[2]3.1.3.1	风景园林标志标准	CJJ/T 171-2012	√			
[2]3.1.4	**分类标准**					
[2]3.1.4.1	城市绿地分类标准	CJJ/T 85-2002	√			修订
[2]3.1.4.2	风景名胜区分类标准	CJJ/T 121-2008	√			
[2]3.1.4.3	镇（乡）村绿地分类标准	CJJ/T 168-2011	√			
[2]3.2	**风景园林专业通用标准**					
[2]3.2.1	**城镇园林通用标准**					
[2]3.2.1.1	城市绿地设计规范	GB 50420-2007	√			修订
[2]3.2.1.2	公园设计规范	CJJ 48-92	√			修订
[2]3.2.1.3	城市绿线划定技术规范			√		国标
[2]3.2.2	**风景名胜区通用标准**					
[2]3.2.2.1	风景名胜区规划规范	GB 50298-1999	√			修订
[2]3.2.2.2	风景名胜区监督管理信息系统技术规范	CJJ/T 195-2013	√			
[2]3.2.2.3	风景名胜区详细规划规范			√		行标
[2]3.2.3	**风景园林综合通用标准**					
[2]3.2.3.1	园林绿化工程施工及验收规范	CJJ 82-2012	√			

续表

体系编码	标准名称	现行标准	编制出版情况			备注
			现行	在编	待编	
[2]3.3	**风景园林专业专用标准**					
[2]3.3.1	**城镇园林专用标准**					
[2]3.3.1.1	城市道路绿化规划与设计规范	CJJ 75-97	√			
[2]3.3.1.2	植物园设计规范			√		行标
[2]3.3.1.3	动物园设计规范			√		行标
[2]3.3.1.4	湿地公园设计规范			√		行标
[2]3.3.1.5	居住绿地设计规范			√		行标
[2]3.3.1.6	国家重点公园评价标准			√		行标
[2]3.3.1.7	动物园管理规范			√		行标
[2]3.3.1.8	垂直绿化工程技术规程			√		行标
[2]3.3.2	**风景名胜区专用标准**					
[2]3.3.2.1	风景名胜区游道建设技术规范			√		行标
[2]3.3.3	**风景园林综合专用标准**					
[2]3.3.3.1	古树名木保护技术及管理规程			√		行标
[2]3.3.3.2	风景游览道路交通规划规范			√		行标

2.3.4 风景园林设计专业标准项目说明

[2]3.1 基础标准

[2]3.1.1 术语标准

[2]3.1.1.1 《园林基本术语标准》（CJJ/T 91-2002）

本标准选择风景园林行业百余个基本术语，主要内容为：一般规定、城市绿地系统、园林规划设计、园林工程和风景名胜区等。

[2]3.1.2 图形标准

[2]**3.1.2.1** 《风景园林制图标准》（CJJ 67−95）

对原《风景园林图示图例标准》进行补充、完善。增加风景名胜区规划和城市绿地系统、规划制图的规定和图示图例，以及公园绿地设计制图的规定；减少风景园林设计图示图例的数量。

[2]3.1.3 标志标准

[2]**3.1.3.1** 《风景园林标志标准》（CJJ/T 171−2012）

本标准规定公园绿地、风景名胜区中交通导示、服务设施标识、市政设施等的形式、内容以及位置，并对动物园、游乐公园的标识作专门规定。

[2]3.1.4 分类标准

[2]**3.1.4.1** 《城市绿地分类标准》（CJJ/T 85−2002）

本标准按大、中、小三类分类，包括绿地的计算原则、统计与方法。

[2]**3.1.4.2** 《风景名胜区分类标准》（CJJ/T 121−2008）

本标准与国际上的国家公园接轨，根据我国风景名胜区所具有的景观类型、自然和文物遗产、地质地貌等特点进行科学的分类与评价。

[2]**3.1.4.3** 《镇（乡）村绿地分类标准》（CJJ/T 168−2011）

本标准规定乡村绿地的分类、统计原则、计算方法与指标。

[2]3.2 通用标准

[2]3.2.1 城镇园林通用标准

[2]**3.2.1.1** 《城市绿地设计规范》（GB 50420−2007）

本标准对城镇单位附属绿地、防护绿地、生产绿地的规模、布局、计算指标植物配置、道路设计等进行规定。

[2]**3.2.1.2** 《公园设计规范》CJJ 48−92）

本标准规定公园绿地中容量计算、总体布局以及地形、道路广场、植物栽植、建筑及园林小品等设计指标要求。

[2]**3.2.1.3** 《城市绿线划定技术规范》

在编工程建设国家标准。

[2]**3.2.2 风景名胜区通用标准**

[2]**3.2.2.1** 《风景名胜区规划规范》（GB 50298–1999）

本标准对风景区规划的基本术语，基础资料与现状分析，风景资源评价，规划范围、性质、目标、分区与结构布局，保护规划、风景游赏、典型景观、游览设施、基础工程、居民社会调控、经济发展引导、土地利用协调等规划，在规划成果与深度等方面作出规定。

[2]**3.2.2.2** 《风景名胜区监督管理信息系统技术规范》（CJJ/T 195–2013）

本规范适用于风景名胜区监督管理信息系统的建设及数据收集与建库。

[2]**3.2.2.3** 《风景名胜区详细规划规范》

在编工程建设行业标准。

[2]**3.2.3 风景园林综合通用标准**

[2]**3.2.3.1** 《园林绿化工程施工及验收规范》（CJJ 82–2012）

本标准对各种园林工程施工前准备、施工过程以及工程验收作出详细规定，对大树移植方法、要求作专项规定。修订、扩展《城市绿化工程施工及验收规范》（CJJ/T 82–99）。

[2]**3.3 专用标准**

[2]**3.3.1 城镇园林专用标准**

[2]**3.3.1.1** 《城市道路绿化规划与设计规范》（CJJ 75–97）

本标准主要内容是对道路绿地率指标、道路绿带、交通岛、广场和停车场绿地设计、绿化植物种类选择以及道路绿化与有关设施的距离安排进行规定。

[2]**3.3.1.2** 《植物园设计规范》

在编工程建设行业标准。本标准适用于城市植物园和公园中植物区（角）。主要内容是规定植物园布局、分区、定性、地形改造、道路组织以及植物繁育、科研、科普等。

[2]**3.3.1.3** 《动物园设计规范》

在编工程建设行业标准。本标准适用于城市动物园、郊野动物园和各类公园中的动物角。主要内容是确定分区原则，规定各类动物生活、展览场地指标，以及安全、卫生、健康保障设施的要求。

[2]**3.3.1.4** 《湿地公园设计规范》

在编工程建设行业标准。

[2]**3.3.1.5** 《居住绿地设计规范》

在编工程建设行业标准。

[2]**3.3.1.6** 《国家重点公园评价标准》

在编工程建设行业标准。

[2]**3.3.1.7** 《动物园管理规范》

在编工程建设行业标准。

[2]**3.3.1.8** 《垂直绿化工程技术规程》

在编工程建设行业标准。

[2]3.3.2 风景名胜区专用标准

[2]**3.3.2.1** 《风景名胜区游道建设技术规范》

在编工程建设行业标准。

[2]3.3.3 风景园林综合专用标准

[2]**3.3.3.1** 《古树名木保护技术及管理规程》

在编工程建设行业标准。本标准规定古树名木分类、评价与保护、复壮技术要求与方法。

[2]**3.3.3.2** 《风景游览道路交通规划规范》

在编工程建设行业标准。

2.4 建筑电气设计专业标准体系

2.4.1 综　述

“建筑电气”多年来没有一个规范的定义，更说不清楚它的内涵。广大电气设计从业人员经过了多年的艰苦实践和科学地探索，形成了今天这样一个综合性的工程学科。

“建筑电气”广义的解释：建筑电气是以建筑为平台，以电气技术为手段，在有限空间内，为创造人性化生活环境的一门应用学科。

“建筑电气”狭义的解释：在建筑物中，利用现代先进的科学理论及电气技术（含电力技术、信息技术及智能化技术等），创造一个人性化生活环境的电气系统，统称为建筑电气。

经过多年的发展，建筑电气已经建立了自己完整的理论和技术体系，发展成为一门独立的学科。主要包括：建筑供配电技术，建筑设备电气控制技术，电气照明技术，防雷、接地与电气安全技术，现代建筑电气的智能化，自动化技术，现代建筑信息及传输技术等。

2.4.1.1 国内外建筑电气设计的发展

建筑电气技术的发展，是与电气科技发展同步的。自从改革开放以来，我国与国际上有着广泛的技术交流，国际上许多先进的新产品、新技术不断涌入中国建筑市场，使建筑电气行业迈出了新的一步。尤其是信息技术的发展，如计算机技术、控制技术、数字技术、显示技术、网络技术以及现代通信技术的发展，使建筑电气技术实现了飞跃。从 20 世纪 70 年代末期的南京金陵饭店开创了高层建筑国内外合作设计先例，相继在广东、深圳、上海、北京等地陆续建设了一批高层建筑。广大设计单位都感觉到建筑电气技术的发展速度之快，是闭关自守多年的设计者所始料不及的。通过与国外同行的交流，引进新产品、新技术，并应用到建筑领域中来，促进和加快了我国建筑电气技术的进步。

伴随建筑技术的迅速发展和现代化建筑的出现，建筑电气设计的范围已由原来单一的供配电、照明、防雷和接地，发展成为近代物理学、电磁学、电子学、光学、声学等理论为基础的应用于建筑工程领域内的一门新兴学科，并逐步应用新的数学和物理的新理论，结合电子计算机技术及信息技术向综合应用的方向迈进。这不仅使建筑物的供配电系统实现了自动化，而且对建筑物内的给排水系统、空调制冷系统、自动消防系统、保安监控系统、通信及闭路电视系统、经营管理系统等实现了最佳控制和管理。因此，建筑电气已经成为现代电气科学领域中的一个重要部分，同时建筑电气也成为现代电气科学发展的一个重要标志。

2.4.1.2 国内外建筑电气设计标准情况

国外许多发达国家，如美、英、德、日等，技术标准起步都先于中国，他们的标准发布机构大多为国际专业技术委员会，如 IEC、ISO 等。这些专业技术委员会在国际上具有很高的权威性，制定的标准大多为体系和产品标准，其技术含量高，市场的适用范围广。在以 ISO、IEC 为代表的国际标准体系以及欧美和日本等发达国家的标准体系中，都包括了大量的建筑电气方面的技术标准。

2.4.1.3 工程技术标准体系

1. 现行标准存在的问题

随着我国电气工业的快速发展，电气产品、电子技术在建筑设计方面的应用日新月异，部分现行建筑电气标准已不能完全满足要求，且存在以下问题：

（1）不能涵盖近年来涌现出的新产品、新工艺、新技术；

（2）不能涵盖新型电子设备对环境等的要求；

（3）现行国家标准、规章制度近十年有很大调整，但部分现行建筑电气标准没有及时进行修订；

（4）标准文本结构尚需优化，需与国际相关标准接轨。

2. 本标准体系的特点

经过多年的发展，建筑电气已经建立了自己完整的理论和技术体系，发展成为一门独立的学科。建筑电气标准体系是根据建筑电气近年来的发展情况，作为建筑设计标准体系中的一个分体系新建立的。其中包含国家、行业、四川省地方及专业协会颁布的建筑电气设计专业标准，竖向分为基础标准、通用标准、专用标准 3 个层次；横向基础标准 2 个门类，通用标准 3 个门类，专用标准 5 个门类。形成了较科学、较完整、可操作的标准体系，能够适应今后建筑工程设计发展的需要。

本体系表中含技术标准 84 项，其中国家标准 64 项，行业标准 16 项，地方标准 4 项；现行标准 70 项，在编标准 14 项，四川省待编标准 2 项。本体系是开放性的，技术标准名称、内容和数量均可根据需要而适当调整。

2.4.2 建筑电气设计专业标准体系框图

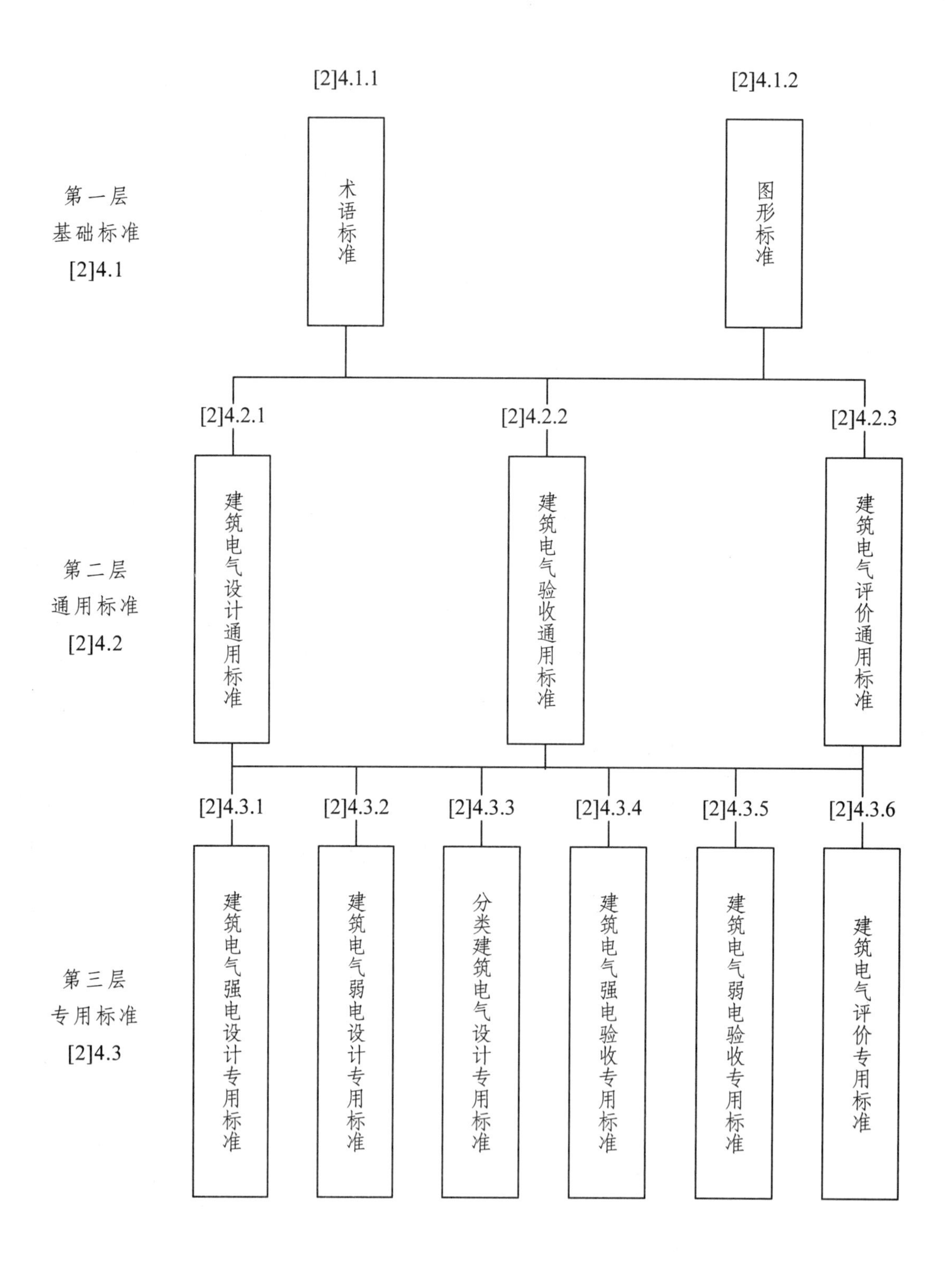

2.4.3 建筑电气设计专业标准体系表

体系编号	标准名称	标准编号	编辑出版情况			备注
			现行	在编	待编	
[2]4.1	**基础标准**					
[2]4.1.1	**术语标准**					
[2]4.1.1.1	建筑照明设计标准	GB 50034-2013	√			修订
[2]4.1.2	**图形标准**					
[2]4.1.2.1	建筑电气制图标准	GB/T 50786-2012	√			
[2]4.2	**通用标准**					
[2]4.2.1	**建筑电气设计通用标准**					
[2]4.2.1.1	城市电力规划规范	GB 50293-1999	√			
[2]4.2.1.2	智能建筑设计标准	GB/T 50314-2006	√			修订
[2]4.2.1.3	民用建筑太阳能光伏系统应用技术规范	JGJ 203-2010	√			
[2]4.2.1.4	民用建筑电气设计规范			√		国标
[2]4.2.2	**建筑电气验收通用标准**					
[2]4.2.2.1	建筑电气工程施工质量验收规范	GB 50303-2002	√			修订
[2]4.2.2.2	智能建筑工程施工规范	GB 50606-2010	√			
[2]4.2.2.3	智能建筑工程施工工艺规程	DB51/T 5040-2007	√			
[2]4.2.2.4	建筑电气工程施工工艺规程	DB51/T 5047-2007	√			
[2]4.2.3	**建筑电气评价通用标准**					
[2]4.3	**专用标准**					
[2]4.3.1	**建筑电气强电设计专用标准**					
[2]4.3.1.1	供配电系统设计规范	GB 50052-2009	√			
[2]4.3.1.2	10 kV 及以下变电所设计规范	GB 50053-94	√			修订
[2]4.3.1.3	低压配电设计规范	GB 50054-2011	√			
[2]4.3.1.4	通用用电设备配电设计规范	GB 50055-2011	√			

续表

体系编号	标准名称	标准编号	编辑出版情况			备注
			现行	在编	待编	
[2]4.3.1.5	电热设备电力装置设计规范	GB 50056-93	√			
[2]4.3.1.6	建筑物防雷设计规范	GB 50057-2010	√			
[2]4.3.1.7	爆炸和火灾危险环境电力装置设计规范	GB 50058-92	√			
[2]4.3.1.8	3-110 kV 高压配电装置设计规范	GB 50060-2008	√			
[2]4.3.1.9	工业与民用电力装置的过电压保护设计规范	GBJ 64-83	√			
[2]4.3.1.10	交流电气装置的接地设计规范	GB/T 50065-2011	√			
[2]4.3.1.11	工业企业通信接地设计规范	GBJ 79-85	√			
[2]4.3.1.12	电力工程电缆设计规范	GB 50217-2007	√			
[2]4.3.1.13	农村民居雷电防护工程技术规范	GB 50952-2013	√			
[2]4.3.1.14	民用建筑电气设计规范	JGJ 16-2008	√			
[2]4.3.1.15	建筑物电磁兼容技术规范			√		国标
[2]4.3.1.16	消防应急照明和疏散指示系统技术规范			√		国标
[2]4.3.1.17	古建筑防雷技术规范			√		国标
[2]4.3.1.18	城市照明自动控制系统技术规范			√		行标
[2]4.3.1.19	太阳能光伏玻璃幕墙电气设计规范			√		行标
[2]4.3.1.20	民用建筑电线电缆防火设计规范				√	地标
[2]4.3.2	**建筑电气弱电设计专用标准**					
[2]4.3.2.1	有线电视系统工程技术规范	GB 50200-94	√			
[2]4.3.2.2	电力装置的继电保护和自动装置设计规范	GB/T 50062-2008	√			
[2]4.3.2.3	自动化仪表工程施工及验收规范	GB 50093-2002	√			
[2]4.3.2.4	工业电视系统工程设计规范	GB 50115-2009	√			
[2]4.3.2.5	火灾自动报警系统设计规范	GB 50116-98	√			
[2]4.3.2.6	工业企业共用天线电视系统设计规范	GBJ 120-88	√			
[2]4.3.2.7	火灾自动报警系统设计规范	GB 50116-2013	√			

续表

体系编号	标准名称	标准编号	编辑出版情况			备注
			现行	在编	待编	
[2]4.3.2.8	电子信息系统机房设计规范	GB 50174-2008	√			修订
[2]4.3.2.9	民用闭路监视电视系统工程技术规范	GB 50198-2011	√			
[2]4.3.2.10	综合布线系统工程设计规范	GB 50311-2007	√			
[2]4.3.2.11	智能建筑设计标准	GB/T 50314-2006	√			
[2]4.3.2.12	建筑物电子信息系统防雷技术规范	GB 50343-2012	√			
[2]4.3.2.13	安全防范工程技术规范	GB 50348-2004	√			修订
[2]4.3.2.14	厅堂扩声系统设计规范	GB 50371-2006	√			
[2]4.3.2.15	通信管道与通道工程设计规范	GB 50373-2006	√			
[2]4.3.2.16	入侵报警系统工程设计规范	GB 50394-2007	√			
[2]4.3.2.17	视频安防监控系统工程设计规范	GB 50395-2007	√			
[2]4.3.2.18	出入口控制系统工程设计规范	GB 50396-2007	√			
[2]4.3.2.19	视频显示系统工程技术规范	GB 50464-2008	√			
[2]4.3.2.20	公共广播系统工程技术规范	GB 50526-2010	√			
[2]4.3.2.21	用户电话交换系统工程设计规范	GB/T 50622-2010	√			
[2]4.3.2.22	会议电视会场系统工程设计规范	GB 50635-2010	√			
[2]4.3.2.23	电子会议系统工程设计规范	GB 50799-2012	√			
[2]4.3.2.24	体育建筑智能化系统工程技术规程	JGJ/T 179-2009	√			
[2]4.3.2.25	四川省住宅建筑通信配套光纤入户工程技术规范	DBJ 51/004-2012	√			
[2]4.3.2.26	电磁屏蔽室设计规范			√		国标
[2]4.3.2.27	建筑设备监控系统工程技术规范			√		行标
[2]4.3.2.28	四川省智能建筑设计技术规程			√		地标
[2]4.3.2.29	四川省公共建筑能耗监测系统工程技术规范				√	地标

续表

体系编号	标准名称	标准编号	编辑出版情况			备注
			现行	在编	待编	
[2]4.3.3	**分类建筑电气设计专用标准**					
[2]4.3.3.1	住宅建筑电气设计规范	JGJ 242-2011	√			
[2]4.3.3.2	交通建筑电气设计规范	JGJ 243-2011	√			
[2]4.3.3.3	金融建筑电气设计规范	JGJ 284-2012	√			
[2]4.3.3.4	教育建筑电气设计规范	JGJ 310-2013	√			
[2]4.3.3.5	医疗建筑电气设计规范	JGJ 312-2013	√			
[2]4.3.3.6	会展建筑电气设计规范			√		行标
[2]4.3.3.7	体育建筑电气设计规范			√		行标
[2]4.3.3.8	商店建筑电气设计规范			√		行标
[2]4.3.4	**建筑电气强电验收专用标准**					
[2]4.3.4.1	电气装置安装工程电力变压器、油浸电抗器、互感器施工及验收规范	GB 50148-2010	√			
[2]4.3.4.2	电气装置安装工程母线装置施工及验收规范	GB 50149-2010	√			
[2]4.3.4.3	电气装置安装工程电缆线路施工及验收规范	GB 50168-2006	√			修订
[2]4.3.4.4	电气装置安装工程接地装置施工及验收规范	GB 50169-2006	√			修订
[2]4.3.4.5	电气装置安装工程低压电器施工及验收规范	GB 50254-96	√			
[2]4.3.4.6	建筑物防雷工程施工与质量验收规范	GB 50601-2010	√			
[2]4.3.5	**建筑电气弱电验收专用标准**					
[2]4.3.5.1	智能建筑工程质量验收规范	GB 50339-2003	√			
[2]4.3.5.2	用户电话交换系统工程验收规范	GB/T 50623-2010	√			
[2]4.3.5.3	会议电视会场系统工程施工及验收规范	GB 50793-2012	√			
[2]4.3.5.4	综合布线系统工程验收规范	GB 50312-2007	√			修订
[2]4.3.5.5	通信管道工程施工及验收规范	GB 50374-2006	√			修订

续表

体系编号	标准名称	标准编号	编辑出版情况			备注
			现行	在编	待编	
[2]4.3.5.6	火灾自动报警系统施工及验收规范	GB 50166-2007	√			修订
[2]4.3.5.7	电子信息系统机房施工及验收规范	GB 50462-2008	√			修订
[2]4.3.5.8	电子信息系统机房环境检测规范			√		国标
[2]4.3.6	**建筑电气评价专用标准**					
[2]4.3.6.1	光伏建筑一体化系统运行与维护规范	JGJ/T 264-2012	√			
[2]4.3.6.2	建筑智能化系统运行维护技术规范			√		行标

2.4.4 建筑电气设计专业标准项目说明

[2]4.1 基础标准

[2]4.1.1 术语标准

[2]4.1.1.1 《建筑照明设计标准》（GB 50034-2013）

本标准适用于新建、改建和扩建的居住、公共和工业建筑的照明设计。

[2]4.1.2 图形标准

[2]4.1.2.1 《建筑电气制图标准》（GB/T 50786-2012）

本标准适用于建筑电气专业的下列工程制图：新建、改建、扩建工程的各阶段设计涂、竣工图；通用设计图、标准设计涂本标准适用于建筑电气专业的计算机制图和手工制图方式绘制的图样。

[2]4.2 通用标准

[2]4.2.1 建筑电气设计通用标准

[2]4.2.1.1 《城市电力规划规范》（GB 50293-1999）

本规范适用于设市城市的城市电力规划编制工作。

[2]4.2.1.2 《智能建筑设计标准》（GB/T 50314-2006）

本标准共分为 13 章，主要内容是：总则，术语，设计要素（智能化集成系统、信息设施系统、信息化应用系统、建筑设备管理系统、公共安全系统、机房工程、建筑环境），办公建筑，商业建筑，文化建筑，媒体建筑，体育建筑，医院建筑，学校建筑，交通建筑，住宅建筑，通用工业建筑。

[2]**4.2.1.3** 《民用建筑太阳能光伏系统应用技术规范》（JGJ 203-2010）

本规范的主要技术内容是：总则，术语，太阳能光伏系统设计，规划、建筑和结构设计，太阳能光伏系统安装，工程验收。

[2]**4.2.1.4** 《民用建筑电气设计规范》

在编工程建设国家标准。

[2]4.2.2 建筑电气验收通用标准

[2]**4.2.2.1** 《建筑电气工程施工质量验收规范》（GB 50303-2002）

本规范适用于满足建筑物预期使用功能要求的电气安装工程施工质量验收。适用电压等级为 10 kV 及以下。

[2]**4.2.2.2** 《智能建筑工程施工规范》（GB 50606-2010）

本规范主要技术内容包括：总则，术语，基本规定，综合管线，综合布线系统，信息网络系统，卫星接收及有线电视系统，会议系统，广播系统，信息设施系统，信息化应用系统，建筑设备监控系统，火灾自动报警系统，安全防范系统，智能化集成系统、防雷与接地和机房工程等。本规范中以黑体字标志的条文为强制性条文，必须严格执行。

[2]**4.2.2.3** 《智能建筑工程施工工艺规程》（DB51/T 5040-2007）

本规程适用于四川省内新建、扩建、改建中的智能建筑分部工程施工和质量控制。

[2]**4.2.2.4** 《建筑电气工程施工工艺规程》（DB51/T 5047-2007）

本规程适用于四川省内建筑工程的建筑电气分部工程施工，适用电压等级为 10 kV 及以下。

[2]4.2.3 建筑电气评价通用标准

[2]4.3 专用标准

[2]4.3.1 建筑电气强电设计专用标准

[2]**4.3.1.1** 《供配电系统设计规范》（GB 50052-2009）

本规范主要技术内容包括：总则，术语，负荷分级及供电要求，电源及供电系统，电压选择和电能质量，无功补偿，低压配电。

[2]**4.3.1.2** 《10 kV 及以下变电所设计规范》(GB 50053-94)

本规范适用于交流电压 10 kV 及以下新建、扩建或改建工程的变电所设计。

[2]**4.3.1.3** 《低压配电设计规范》(GB 50054-2011)

本规范共分 7 章和 1 个附录，主要技术内容包括：总则，术语，电器和导体的选择，配电设备的布置，电气装置的电击防护，配电线路的保护，配电线路的敷设等。

[2]**4.3.1.4** 《通用用电设备配电设计规范》(GB 50055-2011)

本规范共分 8 章，主要内容包括：总则，电动机，起重运输设备，电焊机，电镀，蓄电池充电，静电滤清器电源及室内日用电器等。

[2]**4.3.1.5** 《电热设备电力装置设计规范》(GB 50056-93)

本规范适用于新建的电弧炉、矿热炉、感应电炉、感应加热器和电阻炉等电热装置的设计。

[2]**4.3.1.6** 《建筑物防雷设计规范》(GB 50057-2010)

本规范适用于新建、扩建、改建建（构）筑物的防雷设计。

[2]**4.3.1.7** 《爆炸和火灾危险环境电力装置设计规范》(GB 50058-92)

本规范适用于生产、加工、处理、转运或储存过程中出现或可能出现爆炸和火灾危险环境的新建、扩建和改建工程的电力设计。

[2]**4.3.1.8** 《3～110 kV 高压配电装置设计规范》(GB 50060-2008)

本规范适用于新建或扩建 3～110 kV 配电装置工程的设计。

[2]**4.3.1.9** 《工业与民用电力装置的过电压保护设计规范》(GBJ 64-83)

本规范适用于工业、交通、电力、邮电、财贸、文教等各行业 35 kV 及以下电力装置的过电压保护设计。

[2]**4.3.1.10** 《交流电气装置的接地设计规范》(GB/T 50065-2011)

本规范共分 8 章和 9 个附录，主要技术内容包括：总则，术语，高压电气装置接地，发电厂和变电站的接地网，高压架空线路和电缆线路的接地，高压配电电气装置的接地，低压系统接地型式、架空线路的接地、电气装置的接地电阻和保护总等电位连接系统，低压电气装置的接地装置和保护导体等。

[2]**4.3.1.11** 《工业企业通信接地设计规范》(GBJ 79-85)

本规范适用于一般工业企业的电信站、有限广播站及站外线路的通信接地设计。

[2]**4.3.1.12** 《电力工程电缆设计规范》(GB 50217-2007)

主要内容包括：总则，术语，电缆型式与截面选择，电缆附件的选择与配置，电缆敷设，电缆的支持与固定，电缆防火与阻止延燃等。

[2]**4.3.1.13** 《农村民居雷电防护工程技术规范》（GB 50952-2013）

本规范适用于新建、扩建和改建农村民居的防雷工程设计和施工。

[2]**4.3.1.14** 《民用建筑电气设计规范》（JGJ 16-2008）

适用于城镇普通及康居住宅的电气设计，住宅电气设计除应符合本规范外，尚应符合国家现行的有关强制性标准的规定。

[2]**4.3.1.15** 《建筑物电磁兼容技术规范》

在编工程建设国家标准。

[2]**4.3.1.16** 《消防应急照明和疏散指示系统技术规范》

在编工程建设国家标准。

[2]**4.3.1.17** 《古建筑防雷技术规范》

在编工程建设国家标准。

[2]**4.3.1.18** 《城市照明自动控制系统技术规范》

在编工程建设行业标准。

[2]**4.3.1.19** 《太阳能光伏玻璃幕墙电气设计规范》

在编工程建设行业标准。

[2]**4.3.1.20** 《民用建筑电线电缆防火设计规范》

待编四川省工程建设地方标准。目前国内民用建筑电线电缆防火要求较为混乱，各类建筑电线电缆防火要求标准不一，加上业主为节约建造成本，提出不合理要求，使设计人员无所适从。制定本规范可统一四川省民用建筑电线电缆防火设计标准，提高建筑电气安全水平。

[2]4.3.2 建筑电气弱电设计专用标准

[2]**4.3.2.1** 《有线电视系统工程技术规范》（GB 50200-94）

本规范主要内容包括：总则，系统的工程设计，系统的工程施工，系统的工程验收等。

[2]**4.3.2.2** 《电力装置的继电保护和自动装置设计规范》（GB/T 50062-2008）

本规范适用 3～35 kV 电力设备和线路的继电保护和自动装置。考虑到国民经济和电力建设的发展，许多工业企业及民用装置的电压等级已超过 35 kV，工矿企业自备电站也有很大发展，因此要求规范提高电压适用的范围，增加发电机和变压器的有关内容。

[2]**4.3.2.3** 《自动化仪表工程施工及验收规范》（GB 50093-2002）

本规范适用于工业和民用一般工程的施工及验收。

[2]**4.3.2.4** 《工业电视系统工程设计规范》（GB 50115-2009）

本规范适用于工业企业新建、扩建和改建工程的一般有线传输电视信号的闭路电视系统。

[2]**4.3.2.5** 《火灾自动报警系统设计规范》（GB 50116-98）

本规范适用于工业与民用建筑内设置的火灾自动报警系统，不适用于生产和储存火药、炸药、弹药、火工品等场所设置的火灾自动报警系统。

[2]**4.3.2.6** 《工业企业共用天线电视系统设计规范》（GBJ 120-88）

本规范适用于一般工业企业共用天线系统的新建、扩建和改建工程。对于扩建和改建工程，应从实际出发，注意充分利用原有设施。

[2]**4.3.2.7** 《火灾自动报警系统设计规范》（GB 50116-2013）

本规范适用于新建、扩建和改建的建、构筑物中设置的火灾自动报警系统的设计，不适用于生产和储存火药、炸药、弹药、火工品等场所设置的火灾自动报警系统的设计。

[2]**4.3.2.8** 《电子信息系统机房设计规范》（GB 50174-2008）

本规范适用于建筑中新建、改建和扩建的电子信息系统机房的设计。本规范共分 13 章和 1 个附录，主要内容有：总则，术语，机房分级与性能要求，机房位置及设备布置，环境要求，建筑与结构，空气调节，电气，电磁屏蔽，机房布线，机房监控与安全防范，给水排水，消防。

[2]**4.3.2.9** 《民用闭路监视电视系统工程技术规范》（GB 50198-2011）

本规范适用于以监视为主要目的的民用闭路电视系统的新建、扩建和改建工程的设计、施工及验收。

[2]**4.3.2.10** 《综合布线系统工程设计规范》（GB 50311-2007）

本规范适用于新建、扩建、改建建筑与建筑群综合布线系统工程设计。

[2]**4.3.2.11** 《智能建筑设计标准》（GB/T 50314-2006）

本标准适用于新建、扩建和改建的办公、商业、文化、媒体、体育、医院、学校、交通和住宅等民用建筑及通用工业建筑等智能化系统工程设计。

[2]**4.3.2.12** 《建筑物电子信息系统防雷技术规范》（GB 50343-2012）

本规范共分 8 章和 6 个附录。主要技术内容包括：总则，术语，雷电防护分区，雷电防护等级划分和雷击风险评估，防雷设计，防雷施工，检测与验收，维护与管理。本标准适用于新建、扩建和改建的办公、商业、文化、媒体、体育、医院、学校、交通和住宅等民用建筑及通用工业建筑等职能话系统工程设计。

[2]**4.3.2.13** 《安全防范工程技术规范》（GB 50348-2004）

本规范主要对技术防范系统的设计、施工、检验、验收作出了基本要求和规定，涉及物防、人防的要求由相关的标准或法规作出规定。本规范共 8 章，主要内容包括：总则，术语，安全防范工程设计，高风险对象的安全防范工程设计，普通风险对象的安全防范工程设计，安全防范工程施工，安全防范工程检验，安全防范工程验收。

[2]**4.3.2.14** 《厅堂扩声系统设计规范》（GB 50371-2006）

本规范的主要内容是：总则，术语，扩声系统设计，扩声系统特性指标，系统调试。

[2]**4.3.2.15** 《通信管道与通道工程设计规范》（GB 50373-2006）

本标准适用于新建、扩建和改建的建筑通信管道与通道工程工程设计。

[2]**4.3.2.16** 《入侵报警系统工程设计规范》（GB 50394-2007）

本规范共 10 章，主要内容包括：总则，术语，基本规定，系统构成，系统设计，设备选型与设置，传输方式、线缆选型与布线，供电、防雷与接地，系统安全性、可靠性、电磁兼容性、环境适应性，监控中心。

[2]**4.3.2.17** 《视频安防监控系统工程设计规范》（GB 50395-2007）

本规范是《安全防范工程技术规范》（GB 50348）的配套标准，是对（GB 50348）中关于视频安防监控系统工程通用性设计的补充和细化。本规范是一个专业技术规范，其内容涉及范围广，在设计视频安防监控系统时，除本专业范围的技术要求应执行本规范规定外，还有一些属于本专业范围以外的涉及其他有关标准、规范的要求，应当执行有关标准、规范，而不能与之相抵触。

[2]**4.3.2.18** 《出入口控制系统工程设计规范》（GB 50396-2007）

本规范是《安全防范工程技术规范》（GB 50348）的配套标准，是安全防范系统工程建设的基础性标准之一。本规范共 10 章，主要内容包括：总则，术语，基本规定，系统构成，系统功能、性能设计，设备选型与设置，传输方式、线缆选型与布线，供电、防雷与接地，系统安全性、可靠性，电磁兼容性，环境适应性，监控中心。

[2]**4.3.2.19** 《视频显示系统工程技术规范》（GB 50464-2008）

本规范共 7 章和 3 个附录，主要内容包括：总则，术语，视频显示系统工程的分类和分级，视频显示系统工程设计，视频显示系统工程施工，视频显示系统试运行和视频显示系统工程验收。

[2]**4.3.2.20** 《公共广播系统工程技术规范》（GB 50526-2010）

本规范的主要内容包括：总则，术语，公共广播系统工程设计，公共广播系统工程施工，公共广播系统电声性能测量，公共广播系统工程验收。

[2]**4.3.2.21** 《用户电话交换系统工程设计规范》（GB/T 50622-2010）

本规范共分 15 章，主要内容包括：总则，术语和代号，系统类型及组成，组网及中继方式，业务性能与系统功能，信令与接口，中继电路与带宽计算，设备配置，编号及 IP 地址，网络管理，计费系统，传输指标及同步，电源系统设计，机房选址、设计、环境与设备安装要求，接地与防护。

[2]**4.3.2.22** 《会议电视会场系统工程设计规范》（GB 50635-2010）

本规范共分 5 章，主要内容包括：总则，术语，会议电视会场系统的工程设计，会议电视会场系统的性能指标，会议电视会场环境。

[2]**4.3.2.23** 《电子会议系统工程设计规范》（GB 50799-2012）

本规范共分 14 章，主要内容包括：总则，术语和缩略语，基本规定，会议讨论系统，会议同声传译系统，会议表决系统，会议扩声系统，会议显示系统，会议摄像系统，会议录制和播放系统，集中控制系统，会场出入口签到管理系统，会议室、控制室要求，线路要求等。

[2]**4.3.2.24** 《体育建筑智能化系统工程技术规程》（JGJ/T 179-2009）

本规程适用于新建、扩建、改建的供体育比赛和训练用体育场的建筑智能化系统工程。

[2]**4.3.2.25** 《四川省住宅建筑通信配套光纤入户工程技术规范》（DB J51/004-2012）

本规范适用于四川省新建住宅建筑通信配套光纤入户工程建设。

[2]**4.3.2.26** 《电磁屏蔽室设计规范》

在编工程建设国家标准。

[2]**4.3.2.27** 《建筑设备监控系统工程技术规范》

在编工程建设行业标准。

[2]**4.3.2.28** 《四川省智能建筑设计技术规程》

在编四川省工程建设地方标准。

[2]**4.3.2.29** 《四川省公共建筑能耗监测系统工程技术规范》

待编四川省工程建设地方标准。目前国家没有一个统一的对能耗监测的技术规范，能耗监测标准不一，制定本标准可规范四川省能耗监测的技术标准，避免浪费资源。

[2]4.3.3 分类建筑电气设计专用标准

[2]**4.3.3.1** 《住宅建筑电气设计规范》（JGJ 242-2011）

本规范的主要技术内容是：总则，术语，供配电系统，配变电所，自备电源，低压配电，配电线路布线系统，常用设备电气装置，电气照明，防雷与接地，信息设施系统，信息化应用系统，建筑设备管理系统，公共安全系统，机房工程。

[2]**4.3.3.2** 《交通建筑电气设计规范》（JGJ 243-2011）

本规范主要技术内容是：总则，术语和代号，供配电系统，配变电所、配变电装置及电能管理，应急电源设备，低压配电及线路布线，常用设备电气装置，电气照明，建筑防雷与接地，智能化集成系统，信息设施系统，信息化应用系统，建筑设备监控系统，公共安全系统，机房工程，电磁兼容，电气节能。

[2]**4.3.3.3** 《金融建筑电气设计规范》（JGJ 284-2012）

本规范的主要技术内容是：总则，术语和代号，融设施分级，供配电系统，配变电所，应急电源，低压配电，配电线路，照明与控制，节能与监测，电磁兼容与防雷接地，智能化集成系统，信息设施系统，信息化应用系统，建筑设备管理系统，安全技术防范系统，电气防火，机房工程，自助银行与自动柜员机室。

[2]**4.3.3.4** 《教育建筑电气设计规范》（JGJ 310-2013）

本规范适用于新建、扩建和改建的各级各类学校校园电气总体设计及供教学活动所使用建筑物的电气设计。

[2]**4.3.3.5** 《医疗建筑电气设计规范》（JGJ 312-2013）

本规范适用于新建、扩建和改建的各级各类医院建筑电气总体设计所使用建筑物的电气设计。

[2]**4.3.3.6** 《会展建筑电气设计规范》

在编工程建设行业标准。

[2]**4.3.3.7** 《体育建筑电气设计规范》

在编工程建设行业标准。

[2]**4.3.3.8** 《商店建筑电气设计规范》

在编工程建设行业标准。

[2]4.3.4 建筑电气强电验收专用标准

[2]**4.3.4.1**《电气装置安装工程电力变压器、油浸电抗器、互感器施工及验收规范》（GB 50148-2010）

本规范适用于电压为 500 kV 及以下，频率为 50 Hz 的电力变压器、电抗器、互感器安装工程的施工及验收。

[2]**4.3.4.2** 《电气装置安装工程母线装置施工及验收规范》（GB 50149-2010）

本规范适用于 500 kV 及以下母线装置安装工程的施工及验收。

[2]**4.3.4.3** 《电气装置安装工程电缆线路施工及验收规范》（GB 50168-2006）

本规范适用于 500 kV 及以下电力电缆、控制电缆线路安装工程的施工及验收。

[2]**4.3.4.4** 《电气装置安装工程接地装置施工及验收规范》（GB 50169-2006）

本规范适用于接地装置安装工程的施工及验收。

[2]**4.3.4.5** 《电气装置安装工程低压电器施工及验收规范》（GB 50254-96）

本规范适用于交流 50 Hz 额定电压 1 200 V 及以下，直流额定电压为 1 500 V 及以下的电器设备安装和验收，此适用范围与新修订的国家标准“电工术语”GB 2900-18 相一致。这些通用电气设备系直接安装再建筑物或设备上的，与成套盘、柜内的电气设备安装和验收不同。盘、柜上的电气安装和验收，应符合相关规程、规范的规定。

[2]**4.3.4.6** 《建筑物防雷工程施工与质量验收规范》（GB 50601-2010）

本规范共分为 11 章和 5 个附录，主要内容包括：总则，术语，基本规定，接地装置分项工程，引下线分项工程，接闪器分项工程，等电位连接分项工程，屏蔽分项工程，综合布线分项工程，电涌保护器分项工程和工程质量验收等。

[2]4.3.5 建筑电气弱电验收专用标准

[2]**4.3.5.1** 《智能建筑工程质量验收规范》（GB 50339-2003）

本规范适用于建筑工程的新建、扩建、改建工程中的智能建筑工程质量验收。

[2]**4.3.5.2** 《用户电话交换系统工程验收规范》（GB/T 50623-2010）

本规范共 8 章和 1 个附录，主要内容包括：总则，术语和代号，施工前检查，硬件安装检查，系统检查测试，工程初验，试运转，工程终验。

[2]**4.3.5.3** 《会议电视会场系统工程施工及验收规范》（GB 50793-2012）

本规范共分 7 章和 3 个附录，主要内容包括：总则，术语，施工准备，施工，系统调试与试运行，检验和测量，验收等。

[2]**4.3.5.4** 《综合布线系统工程验收规范》（GB 50312-2007）

本规范适用于新建、扩建和改建建筑与建筑群综合布线系统工程的验收。

[2]**4.3.5.5** 《通信管道工程施工及验收规范》（GB 50374-2006）

本规范适用于新建、扩建、改建通信管道工程的施工和验收。

[2]**4.3.5.6** 《火灾自动报警系统施工及验收规范》（GB 50166-2007）

本规范适用于工业与民用建筑中设置的火灾自动报警系统的施工及验收。不适用于火药、炸药、弹药、火工品等生产和贮存场所设置的火灾自动报警系统的施工及验收。

[2]**4.3.5.7** 《电子信息系统机房施工及验收规范》（GB 50462-2008）

本规范适用于建筑中新建、改建和扩建的电子信息系统机房工程的施工及验收。

[2]**4.3.5.8** 《电子信息系统机房环境检测规范》

在编工程建设国家标准。

[2]**4.3.6 建筑电气评价专用标准**

[2]**4.3.6.1** 《光伏建筑一体化系统运行与维护规范》（JGJ/T 264-2012）

本规范的主要技术内容是：总则，术语，基本规定，运行与维护，巡检周期和维护记录。

[2]**4.3.6.2** 《建筑智能化系统运行维护技术规范》

在编工程建设行业标准。

2.5 建筑给排水设计专业标准体系

2.5.1 综　述

建筑给水排水系统是城镇给水排水系统的组成部分之一，人民生活的重要基础设施。近年来，我国建筑给水排水系统建设和技术进步都有了前所未有的发展。然而，随着建筑类型的变化、城市化进程的加快和经济持续、迅速、健康的发展，逐步淘汰传统落后工艺、技术和设备；为贯彻可持续发展战略对传统给水排水技术和系统提出了新的要求。

建筑给水排水设施建设的发展和技术进步，对其相关的工程技术标准提出了更高要求。特别是在我国已经加入 WTO 的情况下，这些技术标准是否科学、合理、符合我国国情，关系到给水排水工程的质量、效益和安全，也关系到与国际同行企业平等竞争的问题。建立和完善这一标准体系，对提高建筑给水排水设计行业的技术和管理水平，与国际相关技术发展相接轨，并促进快速、健康地发展将发挥重要作用。

2.5.1.1 国内外城镇给水排水技术发展

1. 国外技术发展状况

近年来建筑给水排水设计技术在多种新材料和控制技术发展的推动下，建筑冷热水供应系统、直饮水供水系统、排水系统、建筑消防系统等在运行质量和安全方面都有大幅度的提高。

20 世纪后期，在“可持续发展论”的影响下，多种生态型水利用技术得到了更快的发展。分散污水处理系统、多种污水回用系统以及雨水利用系统都有了创新和发展。这些观念和意识的更新预示着建筑给水排水技术也将会有新的变革和创新。

2. 国内技术发展状况

多年来，我国国民经济持续、快速、健康的发展极大地促进了给水排水技术的发展。

在直接服务于用户的建筑给水排水方面，传统的建筑给水、排水和热水与消防水系统的新材料、设备、系统和控制技术的应用都有了新的发展；优质直饮水系统的建设和相对独立式卫生排水系统的发展也在国内兴起；雨水就地回收利用或补给地下水的系统和技术也进行着系统的研究和实践。

2.5.1.2 国内外技术标准情况

1. 国内技术标准情况

我国城镇给水排水技术标准自 20 世纪 50 年代起，参照苏联某些标准的模式，开始编制一些技术标准或规范，但由于“文革”时期标准制定工作基本处于停顿状态，到 70 年代初也仅有几项标准。改革开放以来，随着经济建设的加快，城镇基础设施建设的飞速发展，城镇给水排水工程项目建设任务成倍增长。承担工程设计、施工的单位急需各方面标准。因此，从 80 年代初到 90 年代末十几年时间里，给水排水标准进入了一个较快发展时期。到 2001 年底经过各方面努力，已编制了相关标准 80 余项（含协会标准）。应该说，目前城镇给水排水标准的内容和数量已基本满足工程建设需要。

为了规范给水排水标准编制工作，近 20 年来曾多次研究和编制过体系表，经历以下几个阶段：

80 年代初原国家城市建设总局组织编制了我国第一个给水排水标准体系，后来又经过城乡建设环境保护部设计局在此基础上完成草案，目前许多标准就是按照该体系制定的。

1990 年建设部城建司组织编制了城镇建设标准体系表，该体系涉及了城镇给水排水有关产品和工程技术所有标准。

1993 年建设部标准定额所又组织编制了“建设部技术标准体系表”，其中“城镇给水排水标准体系表”位于体系第 5 部分，该体系按照水处理流程分成 9 个门类，包括工程标准和产品标准两大部分，同时确定了标准的属性，即标明了强制性和推荐性。

1993 年市政工程设计协会在以上几个体系表基础上，组织编制了“市政工程设计技术标准体系表”，其中设有“城镇给水排水设计技术标准体系表”，重点是工程设计方面的标准。

2. 国外技术标准发展趋势

国外给水排水标准主要以多种水质应达到的标准为出发点，包括生活饮用水及污水的处理和排放。均按水质要求达到的目标和经济性，研究各种水的输送和处理工艺，成熟后制定相应技术标准并推广应用。除了有计划地制定涉及人身安全、环境保护等重大问题的强制性标准外，并未系统建立给水排水标准体系。相关标准的建立基本是结合技术发展成熟程度，需要什么标准就制定什么标准。标准制定很细、很多，可选择的范围较广。

国外在标准制定工作中，不分工程标准和产品标准，在同一本标准中既有工程设计施工要求，也有产品生产制造和安装要求。

当前，国外给水排水标准的发展趋势主要是，政府从可持续发展战略出发，为提高饮用水水质，保障人身健康安全和保护水资源，以防止水环境污染为目的，制定技术法规。大部分标准由民间团体、行业协会组织制定。

2.5.1.3　工程技术标准体系

1. 现行标准存在的问题

我国已初步形成了建筑给水排水设计标准体系。标准强调的重点与当代建筑给水排水技术发展特征和趋势衔接方面还有一定差距，主要有以下几个问题：

（1）原有标准体系框架结构依照工艺流程不同阶段分成若干门类。该分类方法与现行标准内容和结构不能很好地对应。

（2）由于多种原因，原有标准体系始终未能论证通过并经主管部门发布，未能有效地发挥按标准体系规划逐步健全标准的指导作用。

（3）一些标准有互相交叉、重复、矛盾等问题。

（4）某些新编标准内容越来越细，覆盖面越来越小，不便检索和执行。有相当一部分标准可以合并。

2. 本标准体系的特点

建筑给水排水设计标准分体系是在参考原中华人民共和国建设部《工程建设标准体系》（2003 年版）的基础上，结合我省地方工程建设标准编制现状建立的。其中包含国家、行业、四川省地方及专业协会颁布的建筑给水排水设计专业标准。本体系竖向分为基础标准、通用标准、专用标准 3 个层次；横向“基础标准”共列 2 个门类；“通用标准”共列 4

个门类；“专用标准”共列 4 个门类。形成了较科学、较完整、可操作的标准体系，能够适应今后建筑给水排水工程设计发展的需要。

本体系表中含技术标准 72 项，其中国家标准 39 项，行业标准 27 项，地方标准 6 项；现行标准 66 项，在编标准 6 项，四川省待编标准 1 项。本体系是开放性的，技术标准名称、内容和数量均可根据需要而适当调整。

2.5.2　建筑给排水设计专业标准体系框图

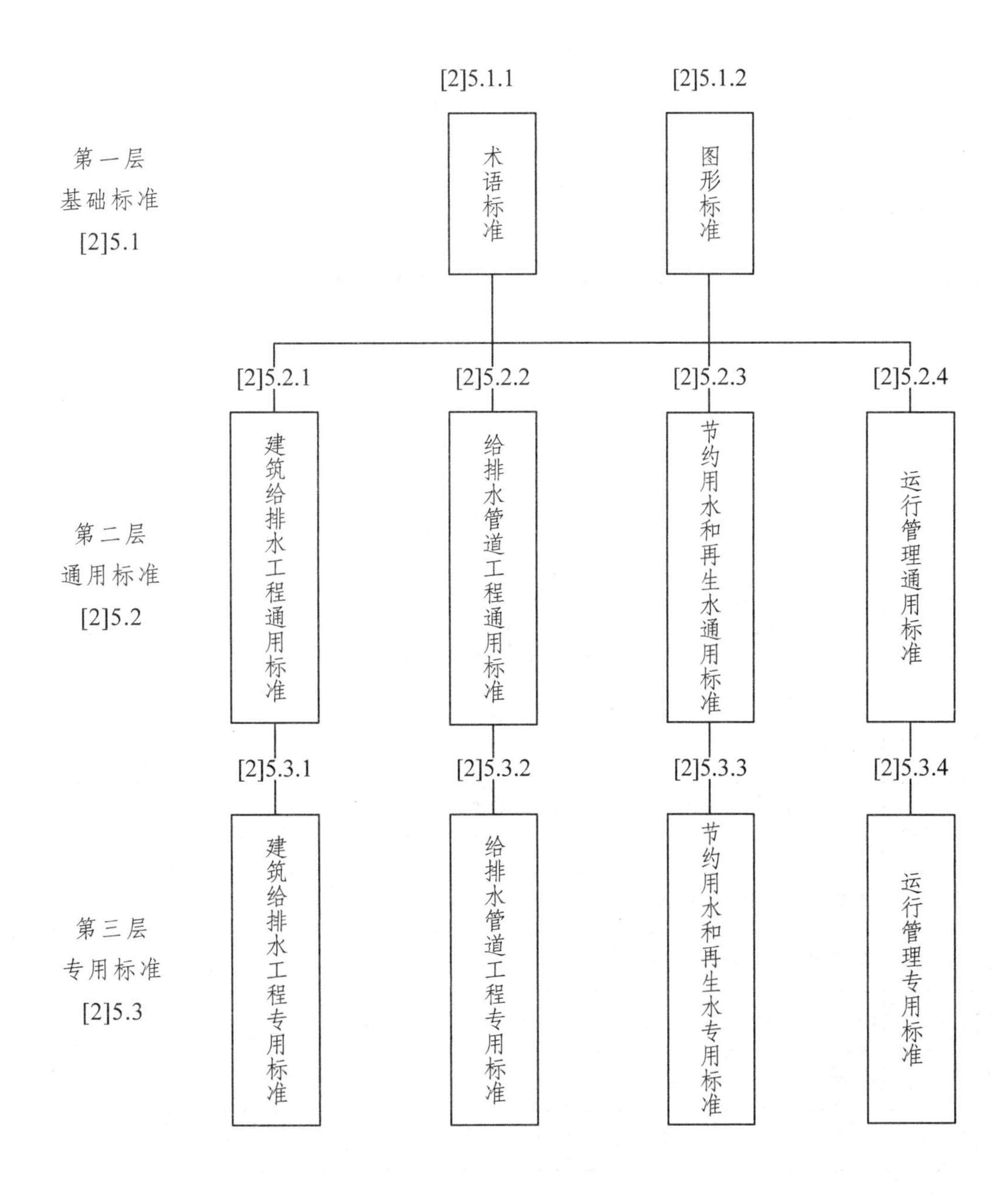

2.5.3 建筑给排水设计专业标准体系表

体系编号	标准名称	标准编号	编辑出版情况			备注
			现行	在编	待编	
[2]5.1	**基础标准**					
[2]5.1.1	**术语标准**					
[2]5.1.1.1	给水排水工程基本术语标准	GB/T 50125-2010	√			
[2]5.1.2	**图形标准**					
[2]5.1.2.1	建筑给水排水制图标准	GB/T 50106-2010	√			
[2]5.2	**通用标准**					
[2]5.2.1	**建筑给排水工程通用标准**					
[2]5.2.1.1	大气污染物、污水综合排放标准	GB 16297-1996	√			
[2]5.2.1.2	室外给水设计规范	GB 50013-2006	√			
[2]5.2.1.3	室外排水设计规范	GB 50014-2011	√			
[2]5.2.1.4	建筑给水排水设计规范（2009 年）	GB 50015-2003	√			
[2]5.2.1.5	室外给水排水和燃气热力工程抗震设计规范	GB 50032-2003	√			
[2]5.2.1.6	给水排水工程构筑物结构设计规范	GB 50069-2002	√			
[2]5.2.1.7	给水排水构筑物工程施工及验收规范	GB 50141-2008	√			
[2]5.2.1.8	建筑给水排水及采暖工程施工质量验收规范	GB 50242-2002	√			修订
[2]5.2.1.9	室外排水用高密度聚乙烯检查井工程技术规程	DB51/T 5041-2007	√			
[2]5.2.1.10	建筑机电工程抗震设计规范			√		国标
[2]5.2.2	**给排水管道工程通用标准**					
[2]5.2.2.1	给水排水管道工程施工及验收规范	GB 50268-2008	√			
[2]5.2.2.2	给水排水工程管道结构设计规范	GB 50332-2002	√			
[2]5.2.2.3	建筑给水复合管道工程技术规程	CJJ/T 155-2011	√			

续表

体系编号	标准名称	标准编号	编辑出版情况			备注
			现行	在编	待编	
[2]5.2.2.4	建筑小区排水用塑料检查井	CJ/T 233-2006	√			
[2]5.2.3	**节约用水和再生水通用标准**					
[2]5.2.3.1	城市居民生活用水量标准	GB/T 50331-2002	√			
[2]5.2.3.2	民用建筑太阳能热水系统应用技术规范	GB 50364-2005	√			
[2]5.2.3.3	民用建筑节水设计标准	GB 50555-2010	√			
[2]5.2.3.4	饮用净水水表	CJ 241-2007	√			
[2]5.2.3.5	游泳池水质标准	CJ 244-2007	√			
[2]5.2.4	**运行管理通用标准**					
[2]5.2.4.1	建筑给排水系统运行安全评价标准			√		国标
[2]5.3	**专用标准**					
[2]5.3.1	**建筑给排水工程专用标准**					
[2]5.3.1.1	生活饮用水卫生标准	GB 5749-2006	√			
[2]5.3.1.2	污水综合排放标准	GB 8978-1996	√			
[2]5.3.1.3	二次供水设施卫生规范	GB 17051-1997	√			
[2]5.3.1.4	医疗机构水污染物排放标准	GB 18466-2005	√			
[2]5.3.1.5	罐式叠压给水设备	GB/T 24912-2010	√			
[2]5.3.1.6	减压型倒流防止器	GB/T 25178-2010	√			
[2]5.3.1.7	无负压管网增压稳流给水设备	GB/T 26003-2010	√			
[2]5.3.1.8	喷灌工程技术规范	GB/T 50085-2007	√			
[2]5.3.1.9	城市给水工程规划规范	GB 50282-98	√			
[2]5.3.1.10	城市排水工程规划规范	GB 50318-2000	√			
[2]5.3.1.11	城镇给排水技术规范	GB 50788-2012	√			
[2]5.3.1.12	高浊度水给水设计规范	CJJ 40-2011	√			
[2]5.3.1.13	游泳池给水排水工程技术规程	CJJ 122-2008	√			

续表

体系编号	标准名称	标准编号	编辑出版情况			备注
			现行	在编	待编	
[2]5.3.1.14	镇（乡）村给水工程技术规程	CJJ 123-2008	√			
[2]5.3.1.15	镇（乡）村排水工程技术规程	CJJ 124-2008	√			
[2]5.3.1.16	管道直饮水系统技术规程	CJJ 110-2006	√			
[2]5.3.1.17	二次供水工程技术规程	CJJ 140-2010	√			
[2]5.3.1.18	公共浴场给水排水工程技术规程	CJJ 160-2011	√			
[2]5.3.1.19	城市建筑二次供水工程技术规程	DBJ 51/005-2012	√			
[2]5.3.1.20	建筑同层排水工程技术规程			√		行标
[2]5.3.1.21	水景喷泉给排水工程技术规程			√		行标
[2]5.3.2	**给排水管道工程专用标准**					
[2]5.3.2.1	建筑给水聚丙烯管道工程技术规范	GB/T 50349-2005	√			
[2]5.3.2.2	城镇排水管道维护安全技术规程	CJJ 6-2009	√			
[2]5.3.2.3	建筑排水塑料管道工程技术规程	CJJ/T 29-2010	√			
[2]5.3.2.4	城镇排水管渠与泵站运行维护技术规程	CJJ/T 68-2007	√			
[2]5.3.2.5	建筑给水聚乙烯类管道工程技术规程	CJJ/T 98-2003	√			
[2]5.3.2.6	埋地聚乙烯给水塑料管道工程技术规程	CJJ101-2004	√			
[2]5.3.2.7	建筑排水金属管道工程技术规程	CJJ127-2009	√			
[2]5.3.2.8	埋地排水塑料管道工程技术规程	CJJ143-2010	√			
[2]5.3.2.9	建筑给水金属管道工程技术规程	CJJ/T 154-2011	√			
[2]5.3.2.10	建筑排水复合管道工程技术规程	CJJ/T 165-2011	√			
[2]5.3.2.11	建筑给水内筋嵌入式衬塑钢管管道工程技术规程	DB51/T 5043-2007	√			
[2]5.3.2.12	建筑给水薄壁不锈钢管管道工程技术规程	DB51/T 5054-2007	√			
[2]5.3.2.13	室外给水球墨铸铁管管道工程技术规程	DB51/T 5055-2008	√			

续表

体系编号	标准名称	标准编号	编辑出版情况			备注
			现行	在编	待编	
[2]5.3.2.14	室外给水钢丝网骨架塑料复合管管道工程技术规程	DB51/T 5056-2008	√			
[2]5.3.2.15	塑料排水检查井应用技术规程			√		行标
[2]5.3.3	**节约用水和再生水专用标准**					
[2]5.3.3.1	城市污水再生利用　城市杂用水水质	GB/T 18920-2002	√			
[2]5.3.3.2	城市污水再生利用　景观环境用水水质	GB/T 18921-2002	√			
[2]5.3.3.3	工业循环冷却水处理设计规范	GB 50050-2007	√			
[2]5.3.3.4	城市污水处理厂工程质量验收规范	GB 50334-2002	√			
[2]5.3.3.5	污水再生利用工程设计规范	GB 50335-2002	√			
[2]5.3.3.6	建筑中水设计规范	GB 50336-2002	√			
[2]5.3.3.7	建筑与小区雨水利用工程技术规范	GB 50400-2006	√			
[2]5.3.3.8	雨水集蓄利用工程技术规范	GB/T 50596-2010	√			
[2]5.3.3.9	城镇给水管网漏损控制及评定标准	CJJ 92-2002	√			
[2]5.3.3.10	城镇供水管网漏水探测技术规程	CJJ 159-2011	√			
[2]5.3.3.11	生物自处理化粪池技术规程			√		行标
[2]5.3.4	**运行管理专用标准**					
[2]5.3.4.1	民用建筑太阳能热水系统评价标准	GB/T 50604-2010	√			

2.5.4　建筑给排水设计专业标准项目说明

[2]5.1 基础标准

[2]5.1.1 术语标准

[2]5.1.1.1 《给水排水工程基本术语标准》（GB/T 50125-2010）

本标准适用于给水排水工程的设计、施工验收和运行管理，2010 年 12 月 01 日实施。主要技术内容包括总则、通用术语、设计、施工验收、运行管理。

[2]**5.1.2 图形标准**

[2]**5.1.2.1** 《建筑给水排水制图标准》(GB/T 50106-2010)

本标准共分 4 章，主要技术内容包括总则、基本规定、图例、图样画法。

[2]**5.2 通用标准**

[2]**5.2.1 建筑给排水工程通用标准**

[2]**5.2.1.1** 《大气污染物、污水综合排放标准》(GB 16297-1996)

本标准适用于现有污染源大气污染物排放管理，以及建设项目的环境影响评价、设计、环境保护设施竣工验收及其投产后的大气污染物排放管理。

[2]**5.2.1.2** 《室外给水设计规范》(GB 50013-2006)

本规范适用于新建、扩建或改建的城镇及工业区永久性给水工程设计。给水工程设计应以批准的城镇总体规划和给水专业规划为主要依据。水源选择、净水厂位置、输配水管线路等的确定应符合相关专项规划的要求。

[2]**5.2.1.3** 《室外排水设计规范》(GB 50014-2011)

主要技术内容包括：总则，术语和符号，设计流量和设计水质，排水管渠和附属构筑物，泵站，污水处理，污泥处理和处置，检测和控制等.

[2]**5.2.1.4** 《建筑给水排水设计规范》(GB 50015-2003)

本规范适用于居住小区、公共建筑区、民用建筑给水排水设计，亦适用于工业建筑生活给水排水和厂房屋面雨水排水设计。

[2]**5.2.1.5** 《室外给水排水和燃气热力工程抗震设计规范》(GB 50032-2003)

本规范共有 10 章及 3 个附录，内容包括：总则，主要符号，抗震设计的基本要求，场地，地基和基础，地震作用和结构抗震验算，盛水构筑物，贮气构筑物，泵房，水塔，管道等。

[2]**5.2.1.6** 《给水排水工程构筑物结构设计规范》(GB 50069-2002)

本规范主要针对给水排水工程构筑物结构设计中的一些共性要求作出规定，内容包括：适用范围，主要符号，材料性能要求，各种作用的标准值，作用的分项系数和组合系数，承载能力和正常使用极限状态，以及构造要求等。这些共性规定将在协会标准中得到遵循，贯彻实施。

[2]**5.2.1.7** 《给水排水构筑物工程施工及验收规范》(GB 50141-2008)

本规范规定的主要内容有：给水排水构筑物工程及其分项工程施工技术、质量、施工安全方面规定；施工质量验收的标准、内容和程序。

[2]**5.2.1.8** 《建筑给水排水及采暖工程施工质量验收规范》（GB 50242-2002）

本规范适用于建筑给水、排水及采暖工程施工质量的验收。本规范主要规定了工程质量验收的划分，程序和组织应按照国家标准《建筑工程施工质量验收统一标准》（GB 50300）的规定执行；提出了使用功能的检验和检测内容；列出了各分项工程中主控项目和一般项目的质量检验方法。

[2]**5.2.1.9** 《室外排水用高密度聚乙烯检查井工程技术规程》（DB51/T 5041-2007）

适用于新建、扩建和改建的排水系统应用高密度聚乙烯排水检查井工程的设计、施工及验收。

[2]**5.2.1.10** 《建筑机电工程抗震设计规范》

在编工程建设国家标准。

[2]5.2.2 给排水管道工程通用标准

[2]**5.2.2.1** 《给水排水管道工程施工及验收规范》（GB 50268-2008）

本规范规定的主要内容有：总则，术语，基本规定，土石方与地基处理，开槽施工管道主体结构，不开槽施工管道主体结构，沉管和桥管施工主体结构，管道附属构筑物，管道功能性试验及附录。

[2]**5.2.2.2** 《给水排水工程管道结构设计规范》（GB 50332-2002）

本规范主要是针对给水排水工程各类管道结构设计中的一些共性要求作出规定，包括适用范围、主要符号、材料性能要求、各种作用的标准值、作用的分项系数和组合系数、承载能力和正常使用极限状态，以及构造要求等。这些共性规定将在协会标准中得到遵循，贯彻实施。

[2]**5.2.2.3** 《建筑给水复合管道工程技术规程》（CJJ/T 155-2011）

本规程主要技术内容是：总则，术语和符号，材料，设计，施工，质量验收。

[2]**5.2.2.4** 《建筑小区排水用塑料检查井》（CJ/T 233-2006）

本标准规定了以塑料树脂（PVC、PR、PP 等）为主要原料，经加工成型工艺生产的检查井（以下简称检查井）的构成、材料、井座分类及标记、要求、试验方法、检验规则，标志、包装、运输和贮存。本标准适用于建筑小区（居住区、公共建筑区、厂区等）范围内的外径不大于 800 mm、埋设深度不大于 6 m 的排水管道上设登的塑料检查井。

[2]5.2.3 节约用水和再生水通用标准

[2]**5.2.3.1** 《城市居民生活用水量标准》（GB/T 50331-2002）

本标准根据我国各地区自然条件差异，按各行政区划分，考虑地理环境因素，力求在同一区域内的城市经济水平、气象条件、降水多少，能够处于一个基本相同的数量级上，使分区分类具有较强的科学性和可操作性，因此划分了四个区域，并统计出这四个区域人们日常生活基本用水量的标准值。

[2]**5.2.3.2** 《民用建筑太阳能热水系统应用技术规范》（GB 50364-2005）

本规范主要内容包括：总则，术语，基本规定，太阳能热水系统设计，规划和建筑设计，太阳能热水系统安装，太阳能热水系统验收。

[2]**5.2.3.3** 《民用建筑节水设计标准》（GB 50555-2010）

本标准共分 6 章，内容包括：总则，术语和符号，节水设计计算，节水系统设计，非传统水源利用，节水设备，计量仪表，器材及管材，管件。

[2]**5.2.3.4** 《饮用净水水表》（CJ 241-2007）

本标准进一步规范了饮用净水水表的检测方法，为保证我市民用水表的计量准确性提供了更加可靠的技术依据。

[2]**5.2.3.5** 《游泳池水质标准》（CJ 244-2007）

本标准主要技术内容介绍如下：游泳池原水和补充水质要求，游泳池池水水质基本要求，游泳池池水水质检验项目及限值，水质检验。

[2]**5.2.4 运行管理通用标准**

[2]**5.2.4.1** 《建筑给排水系统运行安全评价标准》

在编工程建设国家标准。

[2]**5.3 专用标准**

[2]**5.3.1 建筑给排水工程专用标准**

[2]**5.3.1.1** 《生活饮用水卫生标准》（GB 5749-2006）

本标准规定了生活饮用水水质卫生要求、生活饮用水水源水质卫生要求、集中式供水单位卫生要求、二次供水卫生要求、涉及生活饮用水卫生安全产品卫生要求、水质监测和水质检验方法。本标准适用于城乡各类集中式供水的生活饮用水，也适用于分散式供水的生活饮用水。

[2]**5.3.1.2** 《污水综合排放标准》（GB 8978-1996）

本标准适用于现有单位水污染物的排放管理，以及建设项目的环境影响评价、建设项目环境保护设施设计、竣工验收及其投产后的排放管理。

[2]5.3.1.3 《二次供水设施卫生规范》(GB 17051-1997)

本规范规定了建筑二次供水设施的卫生要求和水质检验方法。本规范适用于从事建筑二次供水设施的设计、生产、加工、施工、使用和管理的单位。

[2]5.3.1.4 《医疗机构水污染物排放标准》(GB 18466-2005)

本标准规定了医疗机构污水及污水处理站产生的废气和污泥的污染物控制项目及其排放限值、处理工艺与消毒要求、取样与监测和标准的实施与监督等。

[2]5.3.1.5 《罐式叠压给水设备》(GB/T 24912-2010)

本标准适用于罐式叠压给水设备的设计、生产和检测。内容包括：范围，规范性引用文件，术语和定义，分类与型号，要求，试验方法，检验规则，标志，包装，运输及贮存等。

[2]5.3.1.6 《减压型倒流防止器》(GB/T 25178-2010)

本标准适用于输送 PN≤16，DN15～DN400，温度不高于 65℃清水的减压型倒流防止器。本标准规定了减压型倒流防止器的结构形式、产品型号、材料、要求、试验方法、检验规则、标志、包装和贮运。

[2]5.3.1.7 《无负压管网增压稳流给水设备》(GB/T 26003-2010)

本标准适用于无负压管网增压稳流给水设备的生产和检验。本标准规定了无负压管网增压稳流给水设备的术语和定义、型号、环境和工作条件、材料、要求、试验方法、检验规则、标志、包装运输和贮存。

[2]5.3.1.8 《喷灌工程技术规范》(GB/T 50085-2007)

本规范主要内容有：总则，术语和符号，喷灌工程总体设计，喷灌技术参数，管道水力计算，设备选择，工程设施，工程施工，设备安装，管道水压试验。

[2]5.3.1.9 《城市给水工程规划规范》(GB 50282-98)

本规范适用于城市总体规划的给水工程规划。主要内容包括：预测城市用水量，并进行水资源与城市用水量之间的供需平衡分析；选择城市给予水水源并提出相应的给水系统布局框架；确定给水枢纽工程的位置和用地；提出水资源保护以及开源节流的要求和措施。

[2]5.3.1.10 《城市排水工程规划规范》(GB 50318-2000)

本规范适用于城市总体规划的给水工程规划。城市给水工程规划的主要内容包括：预测城市用水量，并进行水资源与城市用；水量之间的供需平衡分析；选择城市给水水源提出相应的给水系统布局框架；确定给水枢纽工程的位置和用地；提出水资源保护以及开源节流的要求和措施。

[2]5.3.1.11 《城镇给排水技术规范》(GB 50788-2012)

本规范适用于城镇给水、城镇排水、污水再生利用和雨水利用相关系统和设施的规划、勘察、设计、施工、验收、运行、维护和管理等。

[2]**5.3.1.12** 《高浊度水给水设计规范》CJJ 40-2011）

本规范适用于以黄河高浊度水为水源的给水工程设计。其他高浊度水为水源的给水工程设计，可参照执行。

[2]**5.3.1.13** 《管道直饮水系统技术规程》CJJ 110-2006）

本规程主要技术内容是：总则，术语、符号，水质、水量和水压，水处理，系统设计，系统计算与设备选择，净水机房，水质检验，控制系统，施工安装，工程验收，运行维护和管理。

[2]**5.3.1.14** 《游泳池给水排水工程技术规程》（CJJ 122-2008）

本规程：（1）明确适用于人工建造的用于竞赛及教学、训练、休闲健身的各类游泳池，不仅 指导设计，而且还指导施工安装和运营的维护管理；（2）明确不适用于海水、温泉及医疗用的游泳池，由于这类游泳池也属于人工建造， 但是它是为满足某种特殊要求而建造，对池水水质、布水方式和使用的化学药品与一般游泳池的要求不同。如按本规程进行设计就会改变原水或池水的特性，达不到预定的要求。因此，在规程总则中予以明确。

[2]**5.3.1.15** 《镇（乡）村给水工程技术规程》（CJJ 123-2008）

本规程主要技术内容是：总则，术语，给水系统，设计水量、水质和水压，水源和取水，泵房，输配水，水厂总体设计，水处理，特殊水处理，分散式给水，工与质量验收，运行管理。

[2]**5.3.1.16** 《镇（乡）村排水工程技术规程》（CJJ 124-2008）

本规程适用于县城以外且规划设施服务人口在 50 000 人以下的镇（乡）（以下简称镇）和村的信件扩建改建的排水工程。

[2]**5.3.1.17** 《二次供水工程技术规程》（CJJ 140-2010）

本规程主要技术内容包括：总则，术语，基本规定，水质、水量、水压，系统设计，设备与设施，泵房，控制与保护，施工，调试与验收，设施维护与安全运行管理。

[2]**5.3.1.18** 《公共浴场给水排水工程技术规程》（CJJ 160-2011）

本规程的主要技术内容是：总则，术语和符号，洗浴水质、水温，浴池给水系统，淋浴设计，浴池设计，浴池水消毒与水质平衡，洗浴水加热，设备和管材，废水及余热利用，设备机房，施工及质量验收，运行与管理，相关附录。

[2]**5.3.1.19** 《城市建筑二次供水工程技术规程》（DBJ51/005-2012）

本规程适用于城镇新建、扩建和改建的民用与工业建筑生活饮用水二次供水工程的设计、施工、安装调试、验收、设施维护与安全运行管理。主要技术内容包括：总则，术语，基本规定，水质、水量、水压，系统设计，设备设施，泵房，控制与保护，施工，调试与验收，设施维护与运行管理。

[2]**5.3.1.20** 《建筑同层排水工程技术规程》

在编工程建设行业标准。

[2]**5.3.1.21** 《水景喷泉给排水工程技术规程》

在编工程建设行业标准。

[2]5.3.2 给排水管道工程专用标准

[2]**5.3.2.1** 《建筑给水聚丙烯管道工程技术规范》（GB/T 50349-2005）

本规范适用于新建、扩建、改建的工业民用建筑内生活给水、热水和饮用净水管道系统的设计、施工及验收。建筑给水聚丙烯管道不得在建筑物内与消防给水管道相连。

[2]**5.3.2.2** 《城镇排水管道维护安全技术规程》（CJJ 6-2009）

本规程适用于城镇排水管道及其附属构筑物的维护安全作业。本规程规定了城镇排水管道及附属构筑物维护安全作业的基本技术要求。

[2]**5.3.2.3** 《建筑排水塑料管道工程技术规程》（CJJ/T 29-2010）

本规程主要技术内容是：总则，术语和符号，材料，设计，施工，质量验收等。

[2]**5.3.2.4** 《城镇排水管渠与泵站运行维护技术规程》（CJJ/T 68-2007）

本规程适用于城镇排水灌渠和排水泵站的维护。

[2]**5.3.2.5** 《建筑给水塑料管道工程技术规程》（CJJ/T 98-2003）

本规程的主要技术内容是：总则，术语，材料，设计，管道施工，水压试验与验收等。

[2]**5.3.2.7** 《建筑排水金属管道工程技术规程》（CJJ 127-2009）

本规程适用于以上建筑排水金属管道工程的设计、施工与质量验收。建筑排水金属管道可用于新建、扩建和改建的工业和民用建筑中对金属无侵蚀作用的污废水管道、通气管道、空调冷凝水管道、雨水管道等排水工程。

[2]**5.3.2.8** 《埋地排水塑料管道工程技术规程》（CJJ 143-2010）

本规程主要技术内容是：总则，术语和符号，材料，设计，施工，检验，验收等。本规程由住房和城乡建设部发布，2010 年 12 月 1 日起实施。

[2]**5.3.2.9** 《建筑给水金属管道工程技术规程》（CJJ/T 154-2011）

本规程适用于新建、扩建和改建的民用和工业建筑给水金属管道工程的设计、施工及质量验收，2011 年 12 月 01 日起实施。主要技术内容是：总则，术语和符号，材料，设计，施工，质量验收等。

[2]**5.3.2.10** 《建筑排水复合管道工程技术规程》（CJJ/T 165-2011）

本规程主要技术内容是：总则，术语，材料，设计，施工，质量验收。

[2]**5.3.2.11** 《建筑给水内筋嵌入式衬塑钢管管道工程技术规程》（DB51/T 5043-2007）

适用于新建、扩建、改建的工业与民用建筑中的室内外生活给水，热水管道系统中采用内筋嵌入式衬塑钢管的设计、施工及验收。

[2]**5.3.2.12** 《建筑给水薄壁不锈钢管管道工程技术规程》（DB51/T 5054-2007）

本规程适用于四川省新建、改建和扩建的工业与民用建筑给水（冷水、热水、饮用净水、建筑消防自动喷水灭火等系统）的薄壁不锈钢管管道工程设计、施工及验收。

[2]**5.3.2.13** 《室外给水球墨铸铁管管道工程技术规程》（DB51/T 5055-2008）

本规程适用于四川省城镇和工业区输送原水和清水的管道工程中，使用球墨铸铁管的管道工程设计、施工、验收及运行维修。

[2]**5.3.2.14** 《室外给水钢丝网骨架塑料复合管管道工程技术规程》（DB51/T 5056-2008）

本规程适用于四川省新建、改建、扩建的工作压力不大于 1.6 MPa、管径不大于 630 mm 的室外给水压力管道工程的设计、施工及验收。

[2]**5.3.2.15** 《塑料排水检查井应用技术规程》

在编工程建设行业标准。

[2]5.3.3 节约用水和再生水专用标准

[2]**5.3.3.1** 《城市污水再生利用 城市杂用水水质》（GB/T 18920-2002）

本标准规定了城市杂用水水质标准、采样及分析方法。本标准运用于厕所便器冲洗、道路清扫、消防、城市绿化、车辆冲洗、建筑施工杂用水。

[2]**5.3.3.2** 《城市污水再生利用 景观环境用水水质》（GB/T 18921-2002）

本标准规定了作为景观环境的再生水水质标准和再生水利用方式。适用于作为环境用水的再生水。

[2]**5.3.3.3** 《工业循环冷却水处理设计规范》（GB 50050-2007）

本规范适用于以地表水、地下水和再生水作为补充水的新建、扩建、改建工程的循环冷却水处理设计。

[2]**5.3.3.4** 《城市污水处理厂工程质量验收规范》（GB 50334-2002）

本规范适用于新建、扩建、改建的城市污水处理厂工程施工质量验收。

[2]**5.3.3.5** 《污水再生利用工程设计规范》（GB 50335-2002）

本规范主要规定的内容有：方案设计的基本规定，再生水水源，回用分类和水质控制指标，回用系统，再生处理工艺与构筑物设计，安全措施和监测控制。适用于以农业用水、工业用水、城镇杂用水、景观环境用水等为再生利用目标的新建、扩建和改建的污水再生利用工程设计。

[2]**5.3.3.6** 《建筑中水设计规范》（GB 50336-2002）

本规范适用于各类民用建筑和建筑小区的新建、改建和扩建的中水工程设计。工业建筑中生活污水、废水再生利用的中水工程设计，可参照本规范执行。本规范共设 8 章。主要内容有：总则，术语符号，中水水源，中水水质标准，中水系统，处理工艺及设施，中水处理站，安全防护和监（检）测控制等。

[2]**5.3.3.7** 《建筑与小区雨水利用工程技术规范》（GB 50400-2006）

本规范共分 12 章，内容包括：总则，术语，符号，水量与水质，雨水利用系统设置，雨水收集，雨水入渗，雨水储存与回用，水质处理，调蓄排放，施工安装，工程验收，运行管理。

[2]**5.3.3.8** 《雨水集蓄利用工程技术规范》（GB/T 50596-2010）

本规范主要内容：总则，术语，基本规定，规划，工程规模和工程布置，供水定额确定，需水量确定，集流面面积确定，蓄水工程容积确定，工程布置，设计，集流工程，蓄水工程，净水设施，生活供水设施，节水灌溉系统，集雨补充灌溉制度，施工与设备安装，工程验收，工程管理。

[2]**5.3.3.9** 《城镇给水管网漏损控制及评定标准》（CJJ 92-2002）

本标准适用于城市供水管网的漏损控制及评定。在城市供水管网漏损控制、评定及管网改造工作中，除应符合本标准规定外，尚应符合国家现行有关强制性标准的规定。

[2]**5.3.3.10** 《城镇供水管网漏水探测技术规程》（CJJ 159-2011）

本规程主要技术内容是：总则，术语和符号，基本规定，流量法，压力法，噪声法，听音法，相关分析法，其他方法，成果检验与成果报告等。

[2]**5.3.3.11** 《生物自处理化粪池技术规程》

在编工程建设行业标准。

[2]5.3.4 运行管理专用标准

[2]**5.3.4.1** 《民用建筑太阳能热水系统评价标准》（GB/T 50604-2010）

本标准共分 9 章和 8 个附录，主要技术内容包括：总则，术语，基本规定，系统与建筑集成评价，系统适用性能评价，系统安全性能评价，系统耐久性能评价，系统经济性能评价，系统部件评价等。

2.6 建筑环境与设备设计专业标准体系

2.6.1 综 述

建筑室内环境主要是指采暖、通风、空调、净化技术以及建筑声学、建筑光学和建筑热工学。建筑室内环境是一门为创造一个良好的（有时是具有特殊要求的）室内环境服务的专业。随着社会的发展和技术的进步，各种生产和社会活动，甚至人们的日常生活都对建筑室内环境提出了越来越高的要求。建筑室内环境技术的重要性逐渐体现出来，绝大多数的现代建筑都或多或少地应用了暖通、空调技术和建筑物理技术。

2.6.1.1 国内外专业的技术发展简况

我国自 20 世纪 50 年代中期开始，逐步建立了采暖、通风、空调、净化技术方面的专业研究机构。很多高等院校设立了有关的专业学科，各个省市的建筑设计研究院也都有专业设计研究部门，已经形成了具有相当规模的科研、设计、教学力量。我国采暖、通风、空调、净化技术一些方面已接近或达到国际先进水平。

1. 空气调节

高精度恒温恒湿空调综合技术，是包括空调负荷计算、系统布置、气流组织、空调设备、楼宇自动化控制及关键仪表在内的成套技术。20 世纪 50 年代我国空调的恒温精度只能达到±0.5℃，60 年代解决了恒温精度±0.1℃的技术，提出了适合我国国情的恒温工程设计和测试方法。70 年代末至 80 年代初，进行了大面积光栅刻线高精度恒温技术的研究，研制成功精密串级调节及其配套仪表，在国内首次实现了大面积连续 20 昼夜维持 20℃±0.01℃的高精度恒温环境，已接近这一技术领域的国际先进水平，这是满足高精尖生产要求上的重大突破。

70 年代末至 80 年代初，为了节省冷负荷、初投资和运行能耗，对高大厂房分层空调技术进行了研究，提出分层空调原理与优点、适用范围和设计计算方法。用于高大空间的实际工程证明，空调区温度可达到±1℃，与全室空调相比，可节省冷量 30%～50%。

建筑物冷热负荷设计计算有了新的发展，80 年代初提出的新方法考虑了围护结构等蓄热体的吸热、蓄热和放热特性，改变了原有方法中热与冷负荷不加区分的作法，从而减少了设计用冷负荷，计算机理正确，方便使用。

90年代中期，由于一些大、中城市电力供应紧张，供电部门开始重视需求，侧管理削峰填谷，蓄冷空调技术提到了议事日程，得到了相应的发展，也促进了直燃式吸收式冷热水机组的快速发展。同时热泵技术（包括风冷热泵及水源热泵）也得到了较快的发展，特别是热泵技术在长江中、下游地区的应用较广。

进入21世纪以来，随着经济发展、生活水平的不断提高，多种家用空调采暖方式引入家庭，体现出家用空调系统的多样化，家用中央空调系统也有了一定的发展。

为了提高暖通空调系统的运行效率，达到节能目的，已研究开发并应用了变水量（VWV）、变风量（VAV）以及变冷剂流量（VRV）系统。

与国外相比，设备能效比及系统的自动、节能、优化控制方面还有一定的差距。

2. 供　热

散热器有了较大的发展，开发了多种新型散热器。用稀土灰口铸铁制造的散热器比原普通灰口铸铁散热器，具有机械强度高、气密性好、承压能力高、加工性能好的优点。钢制散热器比铸铁散热器具有金属热强度高、散热性能好、造型美观、装饰性强、占用空间小、现场施工安装方便、工艺性好、适于自动化生产的优点。

3. 通风和室内空气品质

20世纪60～70年代，为解决地下建筑的潮湿、闷热、空气污浊严重影响正常使用的问题，成功地提出了南方、北方地下岩石洞库工厂内部环境质量综合改造的技术措施和手段。80年代开始调查、研究室内空气品质问题，90年代对一些空调建筑做了调查及现场测试，并提出了一些新概念及改善室内空气品质的途径。

80至90年代，在引入北欧置换通风技术的基础上结合国情开展了这方面的研究与开发工作。

近年来，进行建筑室内装修时，由于采用装饰材料及粘接剂等会有有害气体的释放（如挥发性有机化合物VOC），导致影响健康，已编制了有关室内空气品质标准及检测标准。

4. 空气洁净技术

空气洁净技术的研究始于20世纪60年代，至70年代系统研究开发了几项主要关键技术和设备，为随后展开的大规模集成电路攻关作出了贡献。70年代末至80年代末，为适应净化工程的大量发展，尤以全国近万家药厂必须进行净化改造的迫切需要，制定了一系列国家和行业标准，建立了相应的检测手段，并研制成功用于生物洁净环境的技术装备，实现了国际水平的0.1μm 10级超高性能洁净室。进入90年代推出的低阻亚高效空气过滤器、封导结合的双环密封系统、无隔板高效空气过滤器、条缝式吹淋室等都达到了国际水平。

5. 空调节能技术

我国建筑节能工作始于80年代初期，首先从减少能耗占最大比例的采暖能耗为起点，在制定标准和法规、推动技术进步和加强行政管理方面做了大量、有效的工作。1986年建设部颁发了我国第一部建筑节能设计标准，即民用建筑节能设计标准，并于1996年进行了修订，目标节能率为50%。为了实现采暖系统节能率达到标准要求，于80年代中期起研究并开发了平衡供暖技术及产品、锅炉运行管理技术及产品等，对推动采暖系统节能技术进步发挥了重要的作用。为了进一步推动建筑节能工作及提高室内热环境品质，大力推行室温可调及采暖计量收费技术，随之推动了采暖系统的设计技术进步及产品开发。

住建部行业标准《夏热冬冷地区居住建筑节能设计标准》（JGJ 134）、《严寒和寒冷地区居住建筑节能设计标准》（JGJ 26）、《夏热冬暖地区居住建筑节能设计标准》（JGJ 75），已于2010年先后进行修订，新的标准现已发布、实施。

控制高档商业建筑的能耗始于80年代中期，由于改革开放后建造了一批高档旅馆、公寓及商场等商用建筑，空调采暖能耗大幅度上升，建设部于90年代初期颁布了《旅游旅馆建筑热工与空气调节节能设计标准》。由于暖通空调技术及应用在90年代中后期有了很大的发展，原有标准已不能符合当前发展的需要。住建部于2004年组织编制了《公共建筑节能设计标准》（GB 50189），于2005年发布、实施。

在暖通风空调节能技术与标准方面，与国外先进国家相比有相当的差距。

6. 展望暖通空调的发展

我国空调技术是由工业空调发展起来的，这是指人工创造一个空气环境（包括温度、湿度及洁净度）来服务于工艺需要、环境试验等需要。随着改革开放、人民生活水平提高，目的在于为人们提供舒适空气环境的舒适空调开始以较快的速度发展。但是，近20年来的实践发现，长期处于空调环境下会出现“空调不适应症”（或病态建筑综合征），原因是空气中存在有各类污染物、微生物及悬浮微粒、电磁辐射等，对人类产生不良影响。从而提出了应从传统的以保持热舒适环境的“舒适空调”，进而发展为以保持室内空气品质为条件的“健康空调”或“绿色空调”。

暖通空调技术的发展，必然会受到能源、环境条件的制约。所以能源综合利用、节约能源、保护环境及趋向自然的舒适环境必然是今后发展的主题。

热电联产，采暖、空调、生活热水三联供（或热、电、冷三联供）是能源综合利用的一个方面。近年来热泵的应用范围在迅速扩大，可大大提高能源利用率。由于空调负荷集中于电力高峰时段，蓄冷（蓄冰、蓄水）技术可以在一定范围内解决电力削峰填谷问题，已引起重视，并逐步发展应用。

此外，由于含氯或溴的合成制冷剂会破坏大气臭氧层，从而导致温室效应，21 世纪必定会解决代替物或回到天然制冷剂的应用。

7. 建筑声、光、热技术

建筑声、光、热技术在发达国家，尤其是在欧洲和苏联历来就受到重视，德国、法国、俄罗斯等国都有专门的建筑物理研究所，开展大量的研究工作。随着经济的发展和社会的进步，建筑声、光、热技术的重要性逐渐体现出来。一方面对室内外环境有特殊要求的建筑数量越来越多，另一方面由于提高生活质量和节能的要求，普通的住宅建筑也需要应用建筑声、光、热技术。

建筑声学设计是会议厅、演播厅、音乐厅、影剧院、体育场馆等建筑设计过程中必不可少的一个环节，包括隔声降噪、吸声、混响、电声、音质设计等内容。除了各种有特殊声学要求的建筑外，住宅、办公楼等普通建筑也需要一个安静的室内环境，在设计和建造这类建筑时，也要应用隔声、减振、降噪等技术。现代城市的交通在带给人们出行便利的同时，也是巨大的噪声源，因此交通线路的隔声屏障设计，也成了建筑声学的一个内容。

建筑光学技术为舞台、演播厅、体育比赛场馆等建筑创造特殊的视觉环境，为各种工作场所、学习场所提供良好的照明，提高工作和学习效率，在居住和休息娱乐场所建立温馨、舒适的气氛。近年来在各地的城市亮化美化工程中，景观照明发挥了巨大的作用。建筑光学在绿色照明中也扮演着重要的角色，在各类建筑中大规模使用高效的光源和灯具，可以节约大量的能源，为保护环境起到积极的作用。

建筑热工是一门如何构造具有优良的热物理性能的建筑围护结构，适应各种气候和各种建筑用途的技术。我国地域辽阔，南北东西气候差异大，为了创造一个适宜工作和生活的室内热环境，几乎全国各地的建筑都需要冬季采暖和（或）夏季降温。冬季采暖和夏季降温需要耗费大量的能源，一个热工性能优良的建筑围护结构可以减轻室外气候对室内热环境的影响，从而降低采暖降温设备的负荷，缩短设备运行时间，节约宝贵的能源。当前正在大规模开展的建筑节能工作，为建筑热工技术的发展提供了广泛的机会。

经过数十年的积累，我国的建筑声、光、热技术已经具有了相当的研究基础和工程实践经验，基本上能够满足我国建筑事业发展的需要。但是与发达国家相比，长期以来开展的研究工作相对薄弱，技术在工程实践中的应用也不够广泛，还有很多问题需要解决。

2.6.1.2 国内外技术标准发展趋势

1. 国外技术标准发展趋势

发达国家（比如美国、西欧、北欧国家）一般均有国家规范、法规或标准来制约、控制采暖空调设计，目的是控制能耗，保障人身安全，保护环境。这类规范、法规或标准比较原则，主要考虑国家、企业利益，政府参与较多。比如美国的国家模式规范（National Model Codes）和德国的 DIN。

另一类全国性的设计标准主要由行业学会编制，比如美国的采暖制冷空调工程师学会（ASHRAE）、德国工程师学会建筑设备分会（VDI—Society for Building Services）组织有关技术人员编制标准，如 ASHRAE Standard 及 VDI Guideline。这类标准或指南由民间编制，设计方法比较详细，每隔几年修订一次，及时编制新的标准，适应技术发展的需要。其中应用得最为普遍的设计标准，往往会作为国家级的标准。

此外，还有地方性的标准及企业产品标准。

在以 ISO、IEC 为代表的国际标准体系以及欧美和日本等发达国家的标准体系中，都包括了大量的建筑物理方面的技术标准。技术标准本身都是非强制性的，有些重要的技术标准，通过立法而成为强制实施的。发达国家技术标准的一个特点是标准完善齐全，另一个特点是标准的修订比较频繁及时，这两个特点保证了技术标准的覆盖面和标准内容与技术发展的同步。

2. 国内专业技术标准现况

总的来说，采暖、通风、空调、净化专业的标准数量不多。采暖、通风、空调、净化在建筑中是耗能大户，相应的建筑节能标准也还不完善。

已有的基础标准主要是《采暖通风与空气调节术语标准与设备术语》；已有的通用标准主要为《采暖通风和空气调节设计规范》《洁净厂房设计规范》。在专用标准方面主要是

《采暖通风空调工程施工及验收规范》《洁净室施工及验收规范》等。北方集中采暖地区及夏热冬冷地区已颁布了居住建筑的节能设计标准；关于公共建筑采暖空调节能设计标准已颁布的只有《旅游旅馆建筑热工与空气调节节能设计标准》。

我国对建筑物理技术标准的制定一直比较重视，早在20世纪50年代就开始制定第一批的标准，到目前为止建筑声学、建筑光学和建筑热工已经有了数十本标准，数量较多，覆盖面也比较宽。近年来还在计划制定一批新的标准。

在建筑物理标准方面一个比较突出的问题是标准的修订工作跟不上技术发展的需要，声、光、热都有一批标准比较陈旧，需要修订更新。

2.6.1.3 工程技术标准体系

1. 现行标准存在的问题

采暖、通风、空调、净化专业领域，现行工程标准数量较少，尚未形成完善的标准体系。为了适应暖通空调事业的发展，应补充、修订（包括合并）、新编一批急需的标准。

（1）现有标准很多是20世纪80年代中后期编制及颁布的，使得一些新技术不能在标准中得到体现。

（2）现有标准中往往既包括采暖、通风、空调，同时还包括卫生工程、燃气、给排水，专业有所交叉，应在修订、新编时加以调整。

（3）70年代初世界能源危机后，发达国家制定了大量的建筑节能设计标准或法规。我国目前全国主要气候区居住建筑的节能设计标准已完成，但是北方地区的标准主要适用集中采暖系统，并且已超过5年以上，目前采暖空调方式已趋多样化，需要及时修订。公共建筑（尤其是商业用途的建筑）采暖空调能耗浪费甚大，而当前只有一本旅游旅馆的节能标准，急需重新编制。

（4）采暖、通风、空调、净化行业近年来发展迅速，各层次的相关标准都需要补充、完善。

建筑物理方面现行技术标准数量比较多，尤其是建筑声学和建筑光学的标准数量比较多，但标准体系的几层结构不够清晰，有一些标准划分过细，有一些标准有重复。在现行的标准中，很大部分是许多年前编制的，跟不上技术发展的需要，有待修订。

2. 本标准体系的特点

建筑环境与设备专业标准分体系是在参考原中华人民共和国建设部《工程建设标准体

系》（2003 年版）的基础上，结合我省地方工程建设标准编制现状建立的。其中包含国家、行业、四川省地方及专业协会颁布的建筑设计专业标准，竖向分为基础标准、通用标准、专用标准 3 个层次；横向按学科分为 7 个门类，形成了较科学、较完整、可操作的标准体系，能够适应今后建筑工程设计发展的需要。

本体系表中含技术标准 185 项，其中国家标准 68 项，行业标准 84 项，地方标准 33 项；现行标准 121 项，在编标准 64 项，四川省待编标准 2 项。本体系是开放性的，技术标准名称、内容和数量均可根据需要而适当调整。

2.6.2 建筑环境与设备设计专业标准体系框图

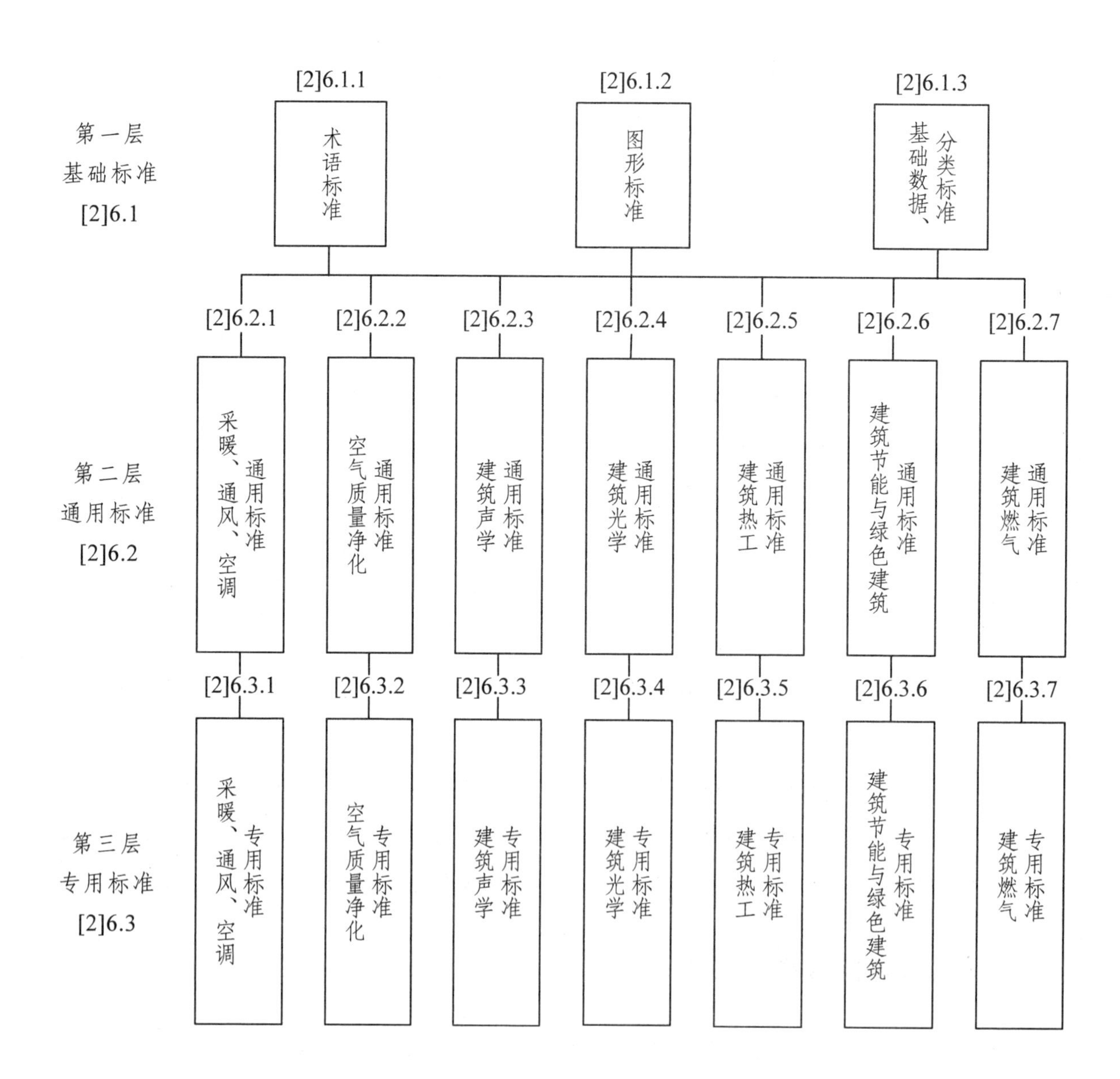

2.6.3 建筑环境与设备设计专业标准体系表

体系编号	标准名称	标准编号	编辑出版情况			备注
			现行	在编	待编	
[2]6.1	基础标准					
[2]6.1.1	术语标准					
[2]6.1.1.1	采暖通风与空气调节术语标准	GB 50155-92	√			修订
[2]6.1.1.2	城镇燃气工程基本术语标准	GB/T 50680-2012	√			
[2]6.1.1.3	建筑照明术语标准	JGJ/T 119-2008	√			
[2]6.1.1.4	供热术语标准	CJJ/T 55-2011	√			
[2]6.1.1.5	建筑节能基本术语标准			√		国标
[2]6.1.2	图形标准					
[2]6.1.2.1	暖通空调制图标准	GB/T 50114-2010	√			
[2]6.1.2.2	燃气工程制图标准	CJJ/T 130-2009	√			
[2]6.1.2.3	供热计量单位和符号标准			√		国标
[2]6.1.3	基础数据、分类标准					
[2]6.1.3.1	液化石油气	GB 11174-2011	√			
[2]6.1.3.2	城镇燃气分类和基本特性	GB/T 13611-2006	√			
[2]6.1.3.3	人工煤气	GB 13612-2006	√			
[2]6.1.3.4	天然气	GB 17820-2012	√			
[2]6.1.3.5	建筑气候区划标准	GB 50178-93	√			
[2]6.1.3.6	建筑气象参数标准	JGJ 35-1987	√			
[2]6.1.3.7	供热工程制图标准	CJJ/T 78-2010	√			
[2]6.1.3.8	城镇燃气标志标准	CJJ/T 153-2010	√			
[2]6.1.3.9	建筑节能气象参数标准			√		行标

续表

体系编号	标准名称	标准编号	编辑出版情况			备注
			现行	在编	待编	
[2]6.2	**通用标准**					
[2]6.2.1	**采暖、通风、空调通用标准**					
[2]6.2.1.1	工业建筑采暖通风与空气调节设计规范	GB 50019-2003	√			修订
[2]6.2.1.2	城镇供热系统评价标准	GB/T 50627-2010	√			
[2]6.2.1.3	民用建筑采暖通风与空气调节设计规范	GB 50736-2012	√			
[2]6.2.1.4	供热系统节能改造技术规范	GB/T 50893-2013	√			
[2]6.2.1.5	城镇供热管网工程施工及验收规范	CJJ 28-2004	√			
[2]6.2.1.6	城镇供热管网设计规范	CJJ 34-2010	√			
[2]6.2.1.7	城镇供热系统运行维护技术规程	CJJ 88-2014	√			
[2]6.2.1.8	城镇供热管网结构设计规范	CJJ 105-2005	√			
[2]6.2.1.9	城镇供热系统节能技术规范	CJJ/T 185-2012	√			
[2]6.2.1.10	城镇供热系统抢修技术规程	CJJ 203-2013	√			
[2]6.2.1.11	燃气冷热电联供工程技术规范			√		国标
[2]6.2.2	**空气质量进化通用标准**					
[2]6.2.2.1	洁净厂房设计规范	GB 50073-2013	√			
[2]6.2.2.2	民用建筑工程室内环境污染控制规范	GB 50325-2010	√			修订
[2]6.2.3	**建筑声学通用标准**					
[2]6.2.3.1	民用建筑隔声设计规范	GB 50118-2010	√			
[2]6.2.4	**建筑光学通用标准**					
[2]6.2.4.1	建筑采光设计标准	GB 50033-2013	√			
[2]6.2.4.2	建筑照明设计标准	GB 50034-2004	√			修订
[2]6.2.5	**建筑热工通用标准**					
[2]6.2.5.1	民用建筑热工设计规范	GB 50176-93	√			修订
[2]6.2.5.2	蒸压加气混凝土砌块墙体自保温工程技术规程	DB51/T 5071-2011	√			

续表

体系编号	标准名称	标准编号	编辑出版情况			备注
			现行	在编	待编	
[2]6.2.5.3	EPS 钢丝网架板现浇混凝土外墙外保温系统技术规程	DB51/T 5062-2013	√			
[2]6.2.5.4	保温装饰复合板保温系统应用技术规程	DBJ51/T 025-2014	√			
[2]6.2.5.5	建筑热环境测试方法标准			√		行标
[2]6.2.5.6	城市居住区热环境设计标准			√		行标
[2]6.2.6	**建筑节能与绿色建筑通用标准**					
[2]6.2.6.1	公共建筑节能设计标准	GB 50189-2005	√			修订
[2]6.2.6.2	地源热泵系统工程技术规范	GB 50366-2009	√			
[2]6.2.6.3	绿色建筑评价标准	GB/T 50378-2006	√			
[2]6.2.6.4	太阳能供热采暖工程技术规范	GB 50495-2009	√			
[2]6.2.6.5	节能建筑评价标准	GB/T 50668-2011	√			
[2]6.2.6.6	民用建筑太阳能空调工程技术规范	GB 50787-2012	√			
[2]6.2.6.7	严寒和寒冷地区居住建筑节能设计标准	JGJ 26-2010	√			
[2]6.2.6.8	夏热冬暖地区居住建筑节能设计标准	JGJ 75-2012	√			
[2]6.2.6.9	夏热冬冷地区居住建筑节能设计标准	JGJ 134-2010	√			
[2]6.2.6.10	民用建筑太阳能光伏系统应用技术规范	JGJ 203-2010	√			
[2]6.2.6.11	民用建筑绿色设计规范	JGJ/T 229-2010	√			
[2]6.2.6.12	四川省绿色建筑评价标准	DBJ51/T 009-2012	√			
[2]6.2.6.13	四川省绿色学校设计标准	DBJ51/T 020-2013	√			
[2]6.2.6.14	四川省民用建筑节能监测评估标准	DBJ51/T 017-2013	√			
[2]6.2.6.15	四川省被动式太阳能建筑设计规范	DBJ51/T 019-2013	√			
[2]6.2.6.16	建筑节能工程施工质量验收规程	DB51/5033-2014	√			
[2]6.2.6.17	建筑碳排放计算标准			√		国标
[2]6.2.6.18	绿色医院建筑评价标准			√		国标
[2]6.2.6.19	四川省公共建筑节能改造技术规程			√		地标

续表

体系编号	标准名称	标准编号	编辑出版情况			备注
			现行	在编	待编	
[2]6.2.6.20	民用建筑太阳能热水系统评价标准			√		地标
[2]6.2.6.21	民用建筑太阳能热水系统与建筑一体化应用技术规程			√		地标
[2]6.2.6.22	绿色建筑工程设计文件编制技术规程			√		地标
[2]6.2.6.23	四川省温和地区公共建筑节能设计标准				√	地标
[2]6.2.7	**建筑燃气通用标准**					
[2]6.2.7.1	城镇燃气设计规范	GB 50028-2006	√			
[2]6.2.7.2	燃气输配系统运行安全评价标准	GB/T 50811-2012	√			
[2]6.2.7.3	城镇燃气室内工程施工与质量验收规范	CJJ 94-2009	√			
[2]6.2.7.4	燃气用卡压粘结式薄壁不锈钢管道工程技术规程	DBJ51/T 023-2014	√			
[2]6.2.7.5	压缩天然气供应站设计规范			√		国标
[2]6.2.7.6	液化石油气供应工程设计规范			√		国标
[2]6.2.7.7	城镇燃气人工制气厂站设计规范			√		国标
[2]6.2.7.8	大中型沼气工程技术规范			√		国标
[2]6.2.7.9	天然气液化工厂设计规范			√		国标
[2]6.2.7.10	城镇燃气输配工程施工及验收规范			√		国标
[2]6.2.7.11	城镇燃气用户工程设计规范			√		国标
[2]6.2.7.12	城镇燃气设施运行、维护和抢修安全技术规程			√		行标
[2]6.3	**专用标准**					
[2]6.3.1	**采暖、通风、空调专用标准**					
[2]6.3.1.1	锅炉房设计规范	GB 50041-2008	√			
[2]6.3.1.2	工业设备及管道绝热工程设计规范	GB 50264-1997	√			修订
[2]6.3.1.3	制冷设备、空气分离设备安装工程施工及验收规范	GB 50274-2010	√			
[2]6.3.1.4	空调通风系统运行管理规范	GB 50365-2005	√			修订

续表

体系编号	标准名称	标准编号	编辑出版情况			备注
			现行	在编	待编	
[2]6.3.1.5	通风管道技术规程	JGJ 141-2004	√			修订
[2]6.3.1.6	辐射供暖供冷技术规程	JGJ 142-2012	√			
[2]6.3.1.7	蓄冷空调工程技术规程	JGJ 158-2008	√			
[2]6.3.1.8	供热计量技术规程	JGJ 173-2009	√			
[2]6.3.1.9	多联机空调系统工程技术规程	JGJ 174-2010	√			
[2]6.3.1.10	采暖通风与空气调节工程检测技术规程	JGJ/T 260-2011	√			
[2]6.3.1.11	城市热力网设计规范	CJJ 34-2002	√			
[2]6.3.1.12	燃气冷热电三联供工程技术规程（《燃气冷热电联供工程技术规范》（GB 在编））	CJJ 145-2010	√			
[2]6.3.1.13	城镇供热直埋热水管道技术规程	CJJ/T 81-2013	√			
[2]6.3.1.14	城镇供热直埋蒸汽管道技术规程	CJJ 104-2005	√			修订
[2]6.3.1.15	城镇地热供热工程技术规程	CJJ 138-2010	√			
[2]6.3.1.16	城镇供热系统监测与调控技术规程			√		行标
[2]6.3.1.17	供热计量系统运行技术规程			√		行标
[2]6.3.1.18	城镇供热管道暗挖工程技术规程			√		行标
[2]6.3.1.19	城镇供热直埋热水管道泄漏监测系统技术规程			√		行标
[2]6.3.1.20	供热站房噪声与振动控制技术规程			√		行标
[2]6.3.1.21	焊接作业厂房采暖通风与空气调节设计规范			√		行标
[2]6.3.1.22	变风量空调系统工程技术规程			√		行标
[2]6.3.1.23	蒸发冷却制冷系统工程技术规程			√		行标
[2]6.3.1.24	建筑通风效果测试与评价标准			√		行标
[2]6.3.1.25	低温辐射电热膜采暖系统应用技术规程			√		行标
[2]6.3.1.26	农村火炕系统通用技术规范			√		行标
[2]6.3.1.27	燃气热泵系统工程技术规程			√		行标

续表

体系编号	标准名称	标准编号	编辑出版情况			备注
			现行	在编	待编	
[2]6.3.1.28	城镇供热系统监测与调控技术规程			√		行标
[2]6.3.1.29	民用建筑机械通风效果测试与评价标准			√		地标
[2]6.3.1.30	高寒地区民用建筑供暖通风设计标准			√		地标
[2]6.3.1.31	四川省建筑防火及防排烟设计技术规程				√	地标
[2]6.3.2	**空气质量净化专用标准**					
[2]6.3.2.1	生物安全实验室建筑技术规范	GB 50346-2011	√			
[2]6.3.2.2	医药工业洁净厂房设计规范	GB 50457-2008	√			
[2]6.3.2.3	电子工业洁净厂房设计规范	GB 50472-2008	√			
[2]6.3.2.4	洁净室施工及验收规范	GB 50591-2010	√			
[2]6.3.2.5	食品工业洁净用房建筑技术规范	GB 50687-2011	√			
[2]6.3.2.6	室内环境质量评价标准			√		行标
[2]6.3.3	**建筑声学专用标准**					
[2]6.3.3.1	厅堂混响时间测量规范	GBJ 76-84	√			修订
[2]6.3.3.2	工业企业噪声控制设计规范	GBJ 87-85	√			修订
[2]6.3.3.3	建筑隔声评价标准	GB/T 50121-2005	√			修订
[2]6.3.3.4	工业企业噪声测量规范	GBJ 122-88	√			修订
[2]6.3.3.5	住宅建筑室内振动限值及其测量方法标准	GB/T 50355-2005	√			
[2]6.3.3.6	剧场、电影院和多用途厅堂建筑声学技术规范	GB/T 50356-2005	√			
[2]6.3.3.7	厅堂音质模型试验规范	GB 50412-2007	√			
[2]6.3.3.8	体育场馆声学设计及测量规程	JGJ/T 131-2012	√			
[2]6.3.4	**建筑光学专用标准**					
[2]6.3.4.1	室外作业场地照明设计标准	GB 50582-2010	√			
[2]6.3.4.2	体育场馆照明设计及检测标准	JGJ 153-2007	√			修订
[2]6.3.4.3	城市夜景照明设计规范	JGJ/T 163-2008	√			

续表

体系编号	标准名称	标准编号	编辑出版情况			备注
			现行	在编	待编	
[2]6.3.4.4	城市道路照明设计标准	CJJ 45-2006	√			修订
[2]6.3.5	**建筑热工专用标准**					
[2]6.3.5.1	外墙外保温工程技术规程	JGJ 144-2004	√			
[2]6.3.5.2	建筑门窗玻璃幕墙热工计算规程	JGJ/T 151-2008	√			
[2]6.3.5.3	外墙内保温工程技术规程	JGJ/T 261-2011	√			
[2]6.3.5.4	建筑外墙外保温防火隔离带技术规程	JGJ 289-2012	√			
[2]6.3.5.5	水泥基复合膨胀玻化微珠建筑保温系统技术规程	DB51/T 5061-2008	√			
[2]6.3.5.6	居住建筑油烟气集中排放系统应用技术规程	DB51/T 5066-2009	√			
[2]6.3.5.7	四川省地源热泵系统工程技术实施细则	DB51/T 5067-2010	√			
[2]6.3.5.8	烧结自保温复合砖应用技术规程	DBJ51/T 001-2011	√			
[2]6.3.5.9	烧结复合自保温砖和砌块墙体保温系统技术规程	DBJ51/T 002-2011	√			
[2]6.3.5.10	成都市地源热泵性能工程评价标准	DBJ51/T 007-2012	√			
[2]6.3.5.11	成都市地源热泵系统运行管理规程	DBJ51/T 011-2012	√			
[2]6.3.5.12	成都市地源热泵系统设计技术规程	DBJ51/012-2012	√			
[2]6.3.5.13	酚醛泡沫保温板外墙外保温系统	DBJ51/T 013-2012	√			
[2]6.3.5.14	围护结构传热系数现场检测技术规程			√		行标
[2]6.3.5.15	自保温混凝土复合砌块墙体应用技术规程			√		行标
[2]6.3.5.16	建筑用真空绝热板应用技术规程			√		行标
[2]6.3.5.17	岩棉板薄抹灰外墙外保温工程技术规程			√		行标
[2]6.3.5.18	热反射涂料应用技术规程			√		行标
[2]6.3.5.19	保温防火复合板应用技术规程			√		行标
[2]6.3.5.20	玻璃膜应用技术规程			√		行标
[2]6.3.5.21	挤塑聚苯板外墙外保温及屋面保温工程技术规程			√		地标

续表

体系编号	标准名称	标准编号	编辑出版情况			备注
			现行	在编	待编	
[2]6.3.5.22	岩棉板建筑保温系统技术规程			√		地标
[2]6.3.5.23	水泥发泡无机保温板应用技术规程			√		地标
[2]6.3.5.24	非透明面板保温幕墙工程技术规程			√		地标
[2]6.3.6	**建筑节能与绿色建筑专用标准**					
[2]6.3.6.1	公共建筑节能设计规范	GB 50489-2005	√			
[2]6.3.6.2	建筑工程绿色施工评价标准	GB/T 50640-2010	√			
[2]6.3.6.3	可再生能源建筑应用工程评价标准	GB/T 50801-2013	√			
[2]6.3.6.4	农村居住建筑节能设计标准	GB/T 50824-2013	√			
[2]6.3.6.5	既有居住建筑节能改造技术规程	JGJ/T 129-2012	√			
[2]6.3.6.6	居住建筑节能检测标准	JGJ/T 132-2009	√			
[2]6.3.6.7	民用建筑能耗数据采集标准	JGJ/T 154-2007	√			
[2]6.3.6.8	公共建筑节能改造技术规范	JGJ 176-2009	√			
[2]6.3.6.9	公共建筑节能检测标准	JGJ/T 177-2009	√			
[2]6.3.6.10	光伏建筑一体化系统运行与维护规范	JGJ/T 264-2012	√			
[2]6.3.6.11	被动式太阳能建筑技术规范	JGJ/T 267-2012	√			
[2]6.3.6.12	建筑能效标识技术标准	JGJ/T 288-2012	√			
[2]6.3.6.13	复合保温石膏板内保温系统工程技术规程	DB51/T 5042-2007	√			
[2]6.3.6.14	建筑外窗、遮阳及天窗节能设计规程	DB51/T 5065-2009	√			
[2]6.3.6.15	四川省居住建筑节能设计标准	DB51/5027-2012	√			
[2]6.3.6.16	公共建筑能耗远程监测系统技术规程			√		行标
[2]6.3.6.17	城市照明节能评价标准			√		行标
[2]6.3.6.18	绿色工业建筑评价标准			√		国标
[2]6.3.6.19	绿色办公建筑评价标准			√		国标

续表

体系编号	标准名称	标准编号	编辑出版情况			备注
			现行	在编	待编	
[2]6.3.6.20	建筑工程绿色施工规范			√		国标
[2]6.3.6.21	绿色商店建筑评价标准			√		国标
[2]6.3.6.22	既有建筑改造绿色评价标准			√		国标
[2]6.3.6.23	绿色博览建筑评价标准			√		国标
[2]6.3.6.24	绿色饭店建筑评价标准			√		国标
[2]6.3.6.25	绿色医院建筑评价标准			√		国标
[2]6.3.6.26	地源热泵系统工程勘察规范			√		行标
[2]6.3.6.27	绿色照明检测及评价标准			√		国标
[2]6.3.6.28	绿色建筑运行维护技术规范			√		行标
[2]6.3.6.29	农村节能建筑烧结自保温砖和砌块墙体保温系统技术规程			√		地标
[2]6.3.6.30	四川省建筑节能门窗应用技术规程			√		地标
[2]6.3.7	**建筑燃气专用标准**					
[2]6.3.7.1	家用燃气燃烧器具安装及验收规程	CJJ 12-2013	√			
[2]6.3.7.2	聚乙烯燃气管道工程技术规程	CJJ 63-2008	√			
[2]6.3.7.3	城镇燃气埋地钢质管道腐蚀控制技术规程	CJJ 95-2013	√			
[2]6.3.7.4	城镇燃气报警控制系统技术规程	CJJ/T 146-2011	√			
[2]6.3.7.5	城镇燃气管道非开挖修复更新工程技术规程	CJJ/T 147-2010	√			
[2]6.3.7.6	城镇燃气加臭技术规程	CJJ/T 148-2010	√			
[2]6.3.7.7	城镇燃气管网泄漏检测技术规程	CJJ/T 215-2014	√			
[2]6.3.7.8	燃气热泵空调系统工程技术规程	CJJ/T 216-2014	√			
[2]6.3.7.9	城镇燃气管道穿跨越工程技术规程			√		行标
[2]6.3.7.10	城市燃气输配系统自动化工程技术规范			√		行标

2.6.4 建筑环境与设备设计专业标准项目说明

[2]**6.1 基础标准**

[2]**6.1.1 术语标准**

[2]**6.1.1.1** 《采暖通风与空气调节术语标准》(GB 50155-92)

本标准的收词范围是在现行国家标准《采暖通风与空气调节设计规范》出现的专业技术术语的基础上，适当扩充一些基本术语并纳入了少量本专业常用的相关术语，不但对工程设计具有实用价值和指导意义，而且对施工、科研、教学和管理等方面都有一定的指导作用，故规定“本标准适用于采暖通风与空气调节及其制冷工程的设计、科研、施工、验收、教学及维护管理等方面”。

[2]**6.1.1.2** 《城镇燃气工程基本术语标准》(GB/T 50680-2012)

本标准主要内容是：总则，一般术语，用户分类与燃气需用量，燃气管网计算与水力工况，燃气气源，燃气输配，压缩天然气供应，液化天然气供应，液化石油气供应，燃气燃烧与应用，燃气系统数据采集与监控等。本标准规定了燃气工程技术的基本术语，适用于城镇燃气工程及相关领域。

[2]**6.1.1.3** 《建筑照明术语标准》(JGJ/T 119-2008)

本标准主要内容是：总则，辐射和光、视觉和颜色，照明技术，电光源及其附件，灯具及其附件，建筑采光和日照，材料的光学特性和照明测量等。本标准修订的主要内容是：新增一般术语、夜景照明、道路照明、采光方式等方面的内容，对一些内容作了局部的删减或修改。

[2]**6.1.1.4** 《供热术语标准》(CJJ/T 55-2011)

本规程主要技术内容是：总则，基本术语，热负荷及耗热量，供热热源，供热管网，热力站与热用户，水力计算与强度计算，热水供热系统水力工况和热力工况，施工验收、运行管理与调节。本标准适用于供热及有关领域。

[2]**6.1.1.5** 《建筑节能基本术语标准》

在编工程建设国家标准。

[2]**6.1.2 图形标准**

[2]**6.1.2.1** 《暖通空调制图标准》(GB/T 50114-2010)

本标准共分 4 章，主要技术内容包括：总则，一般规定，常用图例，图样画法。本标准修订的主要内容是：修改了总则和一般规定的部分内容；增加、修改了部分常用图例；

调整了图样画法的部分内容。

[2]**6.1.2.2** 《燃气工程制图标准》（CJJ/T 130-2009）

本标准的主要技术内容是：总则，制图基本规定，常用代号和图形符号，图样内容及画法等。本标准适用于下列燃气工程的手工和计算机制图：（1）新建、改建、扩建工程的各阶段设计图、竣工图；（2）既有燃气设施的实测图；（3）通用设计图、标准设计图。

[2]**6.1.2.3** 《供热计量单位和符号标准》

在编工程建设国家标准。

[2]6.1.3 基础数据、分类标准

[2]**6.1.3.1** 《液化石油气》（GB 11174-2011）

本标准规定了液化石油气产品的分类和标记、要求和试验方法、检验规则、标志、包装、运输和贮存、交货验收和安全。本标准适用于作工业和民用燃料的液化石油气。

[2]**6.1.3.2** 《城镇燃气分类和基本特性》（GB/T 13611-2006）

本标准规定了城镇燃气的术语和定义、分类和技术要求、特性指标计算方法、特性指标要求和民用燃气燃烧器具的试验气。本标准适应于作城镇燃料使用的各种燃气的分类。

[2]**6.1.3.3** 《人工煤气》（GB 13612-2006）

本标准规定了由人工制气厂生产的人工煤气的技术要求和试验方法及采样。本标准适用于以煤或油（轻油、重油）或液化石油气、天然气等为原料转化制取的可燃气体，经城镇燃气管网输送至用户，作为居民生活、工业企业生产的燃料。

[2]**6.1.3.4** 《天然气》（GB 17820-2012）

本标准规定了天然气的技术要求、试验方法和检验规则。本标准适用于经过处理的通过管道输送的商品天然气。

[2]**6.1.3.5** 《建筑气候区划标准》（GB 50178-93）

为区分我国不同地区气候条件对建筑影响的差异性，明确各气候区的建筑基本要求，提供建筑气候参数，从总体上做到合理利用气候资源，防止气候对建筑的不利影响，制定本标准。本标准适用于一般工业与民用建筑的规划、设计与施工。

[2]**6.1.3.6** 《建筑气象参数标准》（JGJ35-1987）

本标准中所选用的参数系工业与民用建筑工程中通用的建筑气象参数。在编制有关规划、设计等文件时所用的气象参数，已列入本标准的应以本标准为准。其他未列入本标准中的各专业专用的参数，仍应按各专业的有关规范执行。

[2]**6.1.3.7** 《供热工程制图标准》（CJJ/T 78-2010）

本标准主要技术内容是：总则，基本规定，制图，常用代号和图形符号，锅炉房图样

画法，供热管网图样画法，热力站和中继泵站图样画法。本标准适用于新建、扩建和改建供热工程的设计制图。

[2]**6.1.3.8** 《城镇燃气标志标准》（CJJ/T 153-2010）

本标准主要技术内容是：总则，术语，标志的分类，安全标志，专用标志，制作，使用、维护和管理等。本标准适用于城镇燃气生产、输配系统及各类燃气相关场所图形标志及其制作、使用和维护管理。

[2]**6.1.3.9** 《建筑节能气象参数标准》

在编工程建设行业标准。

[2]6.2 通用标准

[2]6.2.1 采暖、通风、空调通用标准

[2]**6.2.1.1** 《工业建筑采暖通风与空气调节设计规范》（GB 50019-2003）

本规范适用于新建、扩建和改建的民用和工业建筑的采暖、通风与空气调节设计。本规范不适用于有特殊用途、特殊净化与防护要求的建筑物、洁净厂房以及临时性建筑物的设计。

[2]**6.2.1.2** 《城镇供热系统评价标准》（GB/T 50627-2010）

本标准主要技术内容包括：总则，术语，基本规定，设施评价，管理评价，能效评价，环保安全消防以及相关附录。

[2]**6.2.1.3** 《民用建筑采暖通风与空气调节设计规范》（GB 50736-2012）

本规范共分 11 章和 10 个附录，主要技术内容是：总则，术语，室内空气设计参数，室外设计计算参数，供暖，通风，空气调节，冷源与热源，检测与监控，消声与隔振，绝热与防腐。

[2]**6.2.1.4** 《供热系统节能改造技术规范》（GB/T 50893-2013）

本规范的主要内容：总则，术语，供热系统节能查勘，供热系统节能评估，供热系统节能改造，施工及验收，节能改造效果评价。本规范适用于既有供热系统的节能改造工程。

[2]**6.2.1.5** 《城镇供热管网工程施工及验收规范》（CJJ 28-2004）

本规范的主要技术内容是：总则，施工准备，工程测量，土建工程，管道安装及检验，热力站、中继泵站，防腐和保温，压力试验、清洗、试运行，工程竣工验收。本规范适用于采用明挖、暗挖、顶管、定向钻等施工工艺，并符合下列参数的城镇供热管网工程的施工及验收：

（1）工作压力小于或等于 1.6 MPa，介质温度小于或等于 350℃的蒸汽管网；

（2）工作压力小于或等于 2.5 MPa，介质温度小于或等于 200℃的热水管网。

[2]**6.2.1.6** 《城镇供热管网设计规范》（CJJ 34-2010）

本规范的主要技术内容是：总则，术语和符号，耗热量，供热介质，供热管网型式，供热调节，水力计算，管网布置与敷设，管道应力计算与作用力计算，中继泵站与热力站，保温与防腐涂层，供配电与照明，热工检测与控制，街区热水供热管网。本规范适用于供热热水介质设计压力小于或等于 2.5 MPa，设计温度小于或等于 200℃；供热蒸汽介质设计压力小于或等于 1.6 MPa，设计温度小于或等于 350℃的下列城镇供热管网的设计：

（1）以热电厂或锅炉房为热源，自热源至建筑物热力入口的供热管网；

（2）供热管网新建、扩建或改建的管线、中继泵站和热力站等工艺系统。

[2]**6.2.1.7** 《城镇供热系统运行维护技术规程》（CJJ 88-2014）

本规程的主要内容：总则，基本规定，热源，供热管网，泵站与热力站，热用户，监控与运行调度。本规程适用于城镇供热系统的运行和维护，其中热源部分适用于燃煤层燃锅炉和燃气锅炉。

[2]**6.2.1.8** 《城镇供热管网结构设计规范》CJJ 105-2005）

本标准的主要技术内容：总则，材料，结构上的作用，基本设计规定，静力计算，构造要求。本规范适用于城镇供热管网工程中下列结构的设计：

（1）放坡开挖或护壁施工的明挖管沟及检查室；

（2）独立式管道支架，包括固定支架、导向支架及活动支架。

[2]**6.2.1.9** 《城镇供热系统节能技术规范》（CJJ/T 185-2012）

本规范的主要技术内容：总则，术语，设计，施工、调试与验收，运行与管理，节能评价。本规范适用于供应民用建筑采暖的新建、扩建、改建的集中供热系统，包括供热热源、热力网、热力站、街区供热管网及室内采暖系统的规划、设计、施工、调试、验收、运行管理中与能耗有关的部分。

[2]**6.2.1.10** 《城镇供热系统抢修技术规程》（CJJ 203-2013）

本规程的主要技术内容是：总则，术语，基本规定，供热热源，供热管网，热力站、楼内及户内系统，图档资料。本规程适用于供热热水介质设计压力小于或等于 2.5 MPa，设计温度小于或等于 200℃；供热蒸汽介质设计压力小于或等于 1.6 MPa，设计温度小于或等于 350℃的城镇供热系统的抢修，包括热源（锅炉房）、供热管网、热力站、楼内及户内供热系统。

[2]**6.2.1.11** 《燃气冷热电联供工程技术规范》

在编工程建设国家标准。

[2]**6.2.2 空气质量进化通用标准**

[2]**6.2.2.1** 《洁净厂房设计规范》（GB 50073-2013）

本规范适用于新建、扩建和改建洁净厂房的设计。

[2]**6.2.2.2** 《民用建筑工程室内环境污染控制规范》（GB 50325-2010）

本规范共分 6 章和 7 个附录。主要技术内容包括总则、术语和符号、材料、工程勘察设计、工程施工、验收等。适用于新建、扩建和改建的民用建筑工程室内环境污染控制，不适用于工业建筑工程、仓储性建筑工程、构筑物和有特殊净化卫生要求的室内环境污染控制，也不适用于民用建筑工程交付使用后，非建筑装修产生的室内环境污染控制。

[2]**6.2.3 建筑声学通用标准**

[2]**6.2.3.1** 《民用建筑隔声设计规范》（GB 50118-2010）

本规范共分 9 章和 1 个附录，主要技术内容包括总则、术语和符号、总平面防噪设计、住宅建筑、学校建筑、医院建筑、旅馆建筑、办公建筑、商业建筑、室内噪声级测量方法等。

[2]**6.2.4 建筑光学通用标准**

[2]**6.2.4.1** 《建筑采光设计标准》（GB 50033-2013）

本标准共分为 7 章和 5 个附录，主要技术内容包括总则、术语和符号、基本规定、采光标准值、采光质量、采光计算和采光节能等。

[2]**6.2.4.2** 《建筑照明设计标准》（GB 50034-2004）

本标准由总则、术语、一般规定、照明数量和质量、照明标准值、照明节能、照明配电及控制、照明管理与监督共 8 章和 2 个附录组成。主要规定了居住、公共和工业建筑的照明标准值、照明质量和照明功率密度。适用于新建、改建和扩建的居住、公共和工业建筑的照明设计。

[2]**6.2.5 建筑热工通用标准**

[2]**6.2.5.1** 《民用建筑热工设计规范》（GB 50176-93）

本规范适用于新建、扩速和改建的民用建筑热工设计。本规范不适用于地下建筑、室内温湿度有特殊要求和特殊用途的建筑，以及简易的临时性建筑。

[2]**6.2.5.2** 《蒸压加气混凝土砌块墙体自保温工程技术规程》（DB51/T 5071-2011）

本规程适用于抗震设防烈度为 8 度及 8 度以下地区采用蒸压加气混凝土砌块墙体自保温系统的建筑工程。

[2]**6.2.5.3** 《EPS 钢丝网架板现浇混凝土外墙外保温系统技术规程》(DB51/T 5062-2013)

本规程适用于抗震设防烈度为 8 度及 8 度以下、建筑高度不大于 100 m 的居住建筑和高度不大于 24 m 的公共建筑，且外墙为现浇混凝土墙体的外墙外保温工程。

[2]**6.2.5.4** 《保温装饰复合板保温系统应用技术规程》(DBJ51/T 025-2014)

本规程适用于新建、扩建和改建的民用建筑外墙外保温装饰工程的设计、施工及验收。

[2]**6.2.5.5** 《建筑热环境测试方法标准》

在编工程建设行业标准。

[2]**6.2.5.6** 《城市居住区热环境设计标准》

在编工程建设行业标准。

[2]6.2.6 建筑节能与绿色建筑通用标准

[2]**6.2.6.1** 《公共建筑节能设计标准》(GB 50189-2005)

本标准共分为 5 章和 3 个附录。主要内容是：总则，术语，室内环境节能设计计算参数，建筑与建筑热工设计，采暖、通风和空气调节节能设计等。本标准适用于新建、改建和扩建的公共建筑节能设计。

[2]**6.2.6.2** 《地源热泵系统工程技术规范》(GB 50366-2009)

本标准讲解的是地源热泵系统 Groud-source Heat Pump System。以岩土体、地下水或地表水为低温热源，由水源热泵机组、地热能交换系统、建筑物内系统组成的供热空调系统。根据地热能交换系统形式的不同，地源热泵系统分为地埋管地源热泵系统、地下水地源热泵系统和地表水地源热泵系统。

[2]**6.2.6.3** 《绿色建筑评价标准》(GB/T 50378-2006)

本标准的主要内容是：总则，术语，基本规定，住宅建筑，公共建筑。本标准是为贯彻落实完善资源节约标准的要求，总结近年来我国绿色建筑方面的实践经验和研究成果，借鉴国际先进经验制定的第一部多目标、多层次的绿色建筑综合评价标准。

[2]**6.2.6.4** 《太阳能供热采暖工程技术规范》(GB 50495-2009)

本规范共分 5 章和 7 个附录。主要内容是：总则，术语，太阳能供热采暖系统设计，太阳能供热采暖工程施工，太阳能供热采暖工程的调试、验收与效益评估。

[2]**6.2.6.5** 《节能建筑评价标准》(GB/T 50668-2011)

本标准的主要技术内容是：总则，术语，基本规定，居住建筑，公共建筑。

[2]**6.2.6.6** 《民用建筑太阳能空调工程技术规范》(GB 50787-2012)

本规范的主要技术内容是：总则，术语，基本规定，太阳能空调系统设计，规划和建筑设计，太阳能空调系统安装，太阳能空调系统验收，太阳能空调系统运行管理等。

[2]**6.2.6.7** 《严寒和寒冷地区居住建筑节能设计标准》(JGJ 26-2010)

本标准根据建筑节能的需要，确定了标准的适用范围和新的节能目标；采用度日数作为气候子区的分区指标，确定了建筑围护结构规定性指标的限值要求，并注意与原有标准的衔接；提出了针对不同保温构造的热桥影响的新评价指标，明确了使用适应供热体制改革需求的供热节能措施；鼓励使用可再生能源。

[2]**6.2.6.8** 《夏热冬暖地区居住建筑节能设计标准》(JGJ 75-2012)

本标准的主要技术内容是：总则，术语，建筑节能设计计算指标，建筑和建筑热工节能设计，建筑节能设计的综合评价，暖通空调和照明节能设计等。

[2]**6.2.6.9** 《夏热冬冷地区居住建筑节能设计标准》(JGJ 134-2010)

本标准的主要技术内容是：总则，术语，室内热环境和建筑节能设计指标，建筑和建筑热工节能设计，建筑物的节能综合指标，采暖、空调和通风节能设计等。

[2]**6.2.6.10** 《民用建筑太阳能光伏系统应用技术规范》(JGJ 203-2010)

本规范的主要技术内容是：总则，术语，太阳能光伏系统设计，规划、建筑和结构设计，太阳能光伏系统安装，工程验收等。本书适用于建筑及电气设计人员。

[2]**6.2.6.11** 《民用建筑绿色设计规范》(JGJ/T 229-2010)

本规范的主要技术内容是：总则，术语，基本规定，绿色设计策划，场地与室外环境，建筑设计与室内环境，建筑材料，给水排水，暖通空调，建筑电气等。

[2]**6.2.6.12** 《四川省绿色建筑评价标准》(DBJ51/T 009-2012)

本标准适用于新建、改建、扩建的居住建筑和公共建筑中的办公建筑、商场建筑和旅馆建筑进行绿色建筑的评价。

[2]**6.2.6.13** 《四川省绿色学校设计标准》(DBJ51/T 020-2013)

本标准适用于四川省城镇、农村新建、改建和扩建绿色中小学学校规划与建筑。其中校园建筑具体包括教学用房及教学辅助用房，办公用房及生活用房等。

[2]**6.2.6.14** 《四川省民用建筑节能监测评估标准》(DBJ51/T 017-2013)

本标准适用于四川省行政区域内新建、扩建、改建民用建筑节能工程的检测评估。

[2]**6.2.6.15** 《四川省被动式太阳能建筑设计规范》(DBJ51/T 019-2013)

本规范适用于四川省新建、改建、扩建工程的被动式太阳能建筑的设计。

[2]**6.2.6.16** 《建筑节能工程施工质量验收规程》(DB51/5033-2014)

本规程适用于四川省行政区域内新建、扩建和改建的民用建筑节能工程的施工质量验收。

[2]**6.2.6.17** 《建筑碳排放计算标准》

在编工程建设国家标准。

[2]**6.2.6.18** 《绿色医院建筑评价标准》

在编工程建设国家标准。

[2]**6.2.6.19** 《四川省公共建筑节能改造技术规程》

在编四川省工程建设地方标准。

[2]**6.2.6.20** 《民用建筑太阳能热水系统评价标准》

在编四川省工程建设地方标准。

[2]**6.2.6.21** 《民用建筑太阳能热水系统与建筑一体化应用技术规程》

在编四川省工程建设地方标准。

[2]**6.2.6.22** 《绿色建筑工程设计文件编制技术规程》

在编四川省工程建设地方标准。

[2]**6.2.6.23**《四川省温和地区公共建筑节能设计标准》

待编四川省工程建设地方标准。国家标准《公共建筑节能设计标准》未对温和地区提出具体要求，而是规定"当建筑所处城市属于温和地区时，应判断该城市的气象条件与表 4.2.1 中的哪个城市最接近，围护结构的热工性能应符合那个城市所属气候分区的规定"，即一般参照夏热冬冷地区的某一城市执行。这样做会造成节能设计标准偏高、节能成本偏高的情况。四川省西昌等地区属温和地区，应有相应的公共建筑节能设计地方标准。

[2]6.2.7 建筑燃气通用标准

[2]**6.2.7.1** 《城镇燃气设计规范》(GB 50028-2006)

本规范共分 1 0 章和 6 个附录，其主要内容包括：总则，术语，用气量和燃气质量，制气，净化，燃气输配系统，压缩天然气供应，液化石油气供应，液化天然气供应和燃气的应用等。本规范适用于向城市、乡镇或居民点供给居民生活、商业、工业企业生产、采暖通风和空调等各类用户作燃料用的新建、扩建或改建的城镇燃气工程设计。

[2]**6.2.7.2** 《燃气输配系统运行安全评价标准》(GB/T 50811-2012)

本标准主要技术内容是：总则，术语，基本规定，燃气输配场站，燃气管道，压缩天然气场站，液化石油气场站，液化天然气场站，数据采集与监控系统，用户管理，安全管理及 8 个附录。本标准适用于已正式投产运行的面向居民、商业、工业企业、汽车等领域燃气系统的现状安全评价。本标准不适用于燃气的生产、城市门站以前的天然气管道输送，以及沼气、秸秆气的生产和使用。

[2]**6.2.7.3** 《城镇燃气室内工程施工与质量验收规范》(CJJ 94-2009)

本规范主要技术内容包括：总则，术语，基本规定，室内燃气管道安装及检验，燃气计量表安装及检验，家用、商业用及工业企业用燃具和用气设备的安装及检验，商业用燃气锅炉和冷热水机组燃气系统安装及检验，试验与验收等。本规范适用于供气压力小于或等于 0.8 MPa（表压）的新建、扩建和改建的城镇居民住宅、商业用户、燃气锅炉房（不含锅炉本体）、实验室、工业企业（不含用气设备）等用户室内燃气管道和用气设备安装的施工与质量验收。

[2]**6.2.7.4** 《燃气用卡压粘结式薄壁不锈钢管道工程技术规程》（DBJ51/T 023-2014）

本规程适用于公称直径小于或等于 DN100 mm 的燃气用卡压粘结式薄壁不锈钢管道，其工作压力小于或等于 0.2 MPa，工作温度-20℃～+65℃。

[2]**6.2.7.5** 《压缩天然气供应站设计规范》

在编工程建设国家标准。

[2]**6.2.7.6** 《液化石油气供应工程设计规范》

在编工程建设国家标准。

[2]**6.2.7.7** 《城镇燃气人工制气厂站设计规范》

在编工程建设国家标准。

[2]**6.2.7.8** 《大中型沼气工程技术规范》

在编工程建设国家标准。

[2]**6.2.7.9** 《天然气液化工厂设计规范》

在编工程建设国家标准。

[2]**6.2.7.10** 《城镇燃气输配工程施工及验收规范》

在编工程建设国家标准。

[2]**6.2.7.11** 《城镇燃气用户工程设计规范》

在编工程建设国家标准。

[2]**6.2.7.12** 《城镇燃气设施运行、维护和抢修安全技术规程》

在编工程建设行业标准。

[2]6.3.1 采暖、通风、空调专用标准

[2]**6.3.1.1** 《锅炉房设计规范》（GB 50041-2008）

本规范适用于下列范围内的工业、民用、区域锅炉房及其室外热力管道设计：

（1）以水为介质的蒸汽锅炉锅炉房，其单台锅炉额定蒸发量为 1～75 t/h，额定出口蒸汽压力为 0.10～3.82MPa（表压），额定出口蒸汽温度小于等于 450℃；

（2）热水锅炉锅炉房，其单台锅炉额定热功率为 0.7～70 MW，额定出口水压为 0.10～

2.50 MPa（表压），额定出口水温小于等于 180℃；

（3）符合本条第（1）、（2）款参数的室外蒸汽管道、凝结水管道和闭式循环热水系统。

[2]**6.3.1.2** 《工业设备及管道绝热工程设计规范》（GB 50264-1997）

本规范适用于工业设备与管道外表面温度在-198℃的绝热工程设计。

本规范不适用于核能、航空、航天系统有特殊要求的设备和管道，以及建筑、冷库和长输埋地管道的绝热设计。

[2]**6.3.1.3** 《制冷设备、空气分离设备安装工程施工及验收规范》（GB 50274-2010）

本规范适用于下列制冷设备和空气分离设备安装工程的施工及验收：

（1）活塞式、螺杆式、离心式压缩机为主机的压缩试制冷设别，溴化锂吸收式制冷机组和组合冷库；

（2）低温法制取氧、氮和稀有气体的空气分离设备。

[2]**6.3.1.4** 《空调通风系统运行管理规范》（GB 50365-2005）

本规范主要内容：总则，术语，管理要求，技术要求，突发事件应急管理措施。

[2]**6.3.1.5** 《通风管道技术规程》（JGJ 141-2004）

本规程适用于新建、扩建与改建的工业与民用建筑的通风与空调工程用金属或非金属管道（简称风管）的制作与安装。

[2]**6.3.1.6** 《辐射供暖供冷技术规程》（JGJ 142-2012）

本规程主要内容是：总则，术语，设计，材料，施工，试运行、调试及竣工验收，运行与维护。本次修订的主要技术内容是：（1）增加了辐射供冷有关规定，并将标准名称改为《辐射供暖供冷技术规程》；（2）增加了绝热层采用发泡水泥、预制沟槽保温板的地面供暖、预制轻薄供暖板地面供暖、毛细管网供暖供冷的有关规定；（3）增加了辐射面传热量的测试方法；（4）对各章节技术内容进行了全面修订。

[2]**6.3.1.7** 《蓄冷空调工程技术规程》（JGJ 158-2008）

本规程的主要技术内容是：总则，术语，设计，施工安装，调试、检测及验收，蓄冷空调系统的运行管理等。

[2]**6.3.1.8** 《供热计量技术规程》（JGJ 173-2009）

本规程共分 7 章，主要技术内容是：总则，术语，基本规定，热源和热力站热计量，楼栋热计量，分户热计量及室内供暖系统等。

[2]**6.3.1.9** 《多联机空调系统工程技术规程》（JGJ 174-2010）

本规程规定了多联机空调系统设计施工工程的技术规范。

[2]**6.3.1.10** 《采暖通风与空气调节工程检测技术规程》（JGJ/T 260-2011）

本规程主要技术内容包括：总则，基本规定，基本技术参数测试方法，采暖工程，通风与空调工程，洁净工程，恒温恒湿工程。

[2]**6.3.1.11** 《城市热力网设计规范》(CJJ 34-2002)

为节约能源，保护环境，促进生产，改善人民生活，发展我国城市集中供热事业，提高集中供热工程设计水平，制定本规范。本规范适用于供热热水介质设计压力小于或等于2.5 MPa，设计温度小于或等于200℃；供热蒸汽介质设计压力小于或等于1.6 MPa，设计温度小于或等于350℃的热力网的设计。

[2]**6.3.1.12** 《燃气冷热电三联供工程技术规程》(CJJ 145-2010)

本规程的主要技术内容：总则，术语，系统配置，能源站，燃气系统及设备，供配电系统及设备，余热利用系统及设备，监控系统，施工与验收，运行管理等。

[2]**6.3.1.13** 《城镇供热直埋热水管道技术规程》(CJJ/T 81-2013)

本规程主要技术内容是：总则，术语和符号，保温管及管件，管道布置与敷设，管道应力验算，固定墩设计，管道施工与验收，运行与维护。本规程适用于新建、改建、扩建的设计温度小于或等于 150℃、设计压力小于或等于 2.5 MPa、管道公称直径小于或等于1 200 mm 城镇供热直埋热水管道的设计、施工、验收和运行管理。

[2]**6.3.1.14** 《城镇供热直埋蒸汽管道技术规程》(CJJ 104-2005)

本规程主要技术内容：总则，术语，管道布置与敷设，工作管道强度计算及应力验算，保温层，外护管及防腐，工程测量及土建工程，管道安装，工程验收，运行。

[2]**6.3.1.15** 《城镇地热供热工程技术规程》(CJJ 138-2010)

本规程主要技术内容是：总则，术语，地热供热设计基础，地热供热系统，热井泵房，地热供热站，地热供热管网与末端装置，地热热水供应，地热系统防腐与防垢，地热供热系统的监测与控制，环境保护，地热回灌，地热资源的动态监测，施工与验收，运行、维护与管理。本规程适用于以地热井提取地热流体为热源的城镇供热工程的规划、设计、施工、验收及运行管理。

[2]**6.3.1.16** 《城镇供热系统监测与调控技术规程》

在编工程建设行业标准。

[2]**6.3.1.17** 《供热计量系统运行技术规程》

在编工程建设行业标准。

[2]**6.3.1.18** 《城镇供热管道暗挖工程技术规程》

在编工程建设行业标准。

[2]**6.3.1.19** 《城镇供热直埋热水管道泄漏监测系统技术规程》

在编工程建设行业标准。

[2]**6.3.1.20** 《供热站房噪声与振动控制技术规程》

在编工程建设行业标准。

[2]**6.3.1.21** 《焊接作业厂房采暖通风与空气调节设计规范》

在编工程建设行业标准。

[2]**6.3.1.22** 《变风量空调系统工程技术规程》

在编工程建设行业标准。

[2]**6.3.1.23** 《蒸发冷却制冷系统工程技术规程》

在编工程建设行业标准。

[2]**6.3.1.24** 《建筑通风效果测试与评价标准》

在编工程建设行业标准。

[2]**6.3.1.25** 《低温辐射电热膜采暖系统应用技术规程》

在编工程建设行业标准。

[2]**6.3.1.26** 《农村火炕系统通用技术规范》

在编工程建设行业标准。

[2]**6.3.1.27** 《燃气热泵系统工程技术规程》

在编工程建设行业标准。

[2]**6.3.1.28** 《民用建筑机械通风效果测试与评价标准》

在编四川省工程建设地方标准。

[2]**6.3.1.29** 《高寒地区民用建筑供暖通风设计标准》

在编四川省工程建设地方标准。

[2]**6.3.1.30** 《四川省建筑防火及防排烟设计技术规程》

待编四川省工程建设地方标准。相关国家标准在具体实施过程中普遍存在不同的理解和争议，给建筑防火及防排烟设计带来很多难点，具体做法也各不相同。因此结合本地具体情况对共同性的问题统一做法很有必要。

[2]6.3.2 空气质量净化专用标准

[2]**6.3.2.1** 《生物安全实验室建筑技术规范》（GB 50346-2011）

本规范共分 10 章和 4 个附录，主要技术内容是：总则，术语，生物安全实验室的分级、分类和技术指标，建筑、装修和结构，空调、通风和净化，给水排水与气体供应，电气，消防，施工要求，检测和验收。

[2]**6.3.2.2** 《医药工业洁净厂房设计规范》（GB 50457-2008）

本规范为在医药工业洁净厂房设计中贯彻执行国家有关方针政策和《药品生产质量管理规范》，做到技术先进、经济适用、安全可靠、确保质量，满足节约能源和环境保护的要求，制定本规范。适用于新建、扩建和改建的医药工业洁净厂房的设计。

[2]**6.3.2.3** 《电子工业洁净厂房设计规范》（GB 50472-2008）

本规范共分 15 章和 4 个附录。主要内容有：总则，术语，电子产品生产环境设计要求，总体设计，工艺设计，洁净建筑设计，空气净化和空调通风设计，给水排水设计，纯水供应，气体供应，化学品供应，电气设计，防静电与接地设计，噪声控制，微振控制等。

[2]**6.3.2.4** 《洁净室施工及验收规范》（GB 50591-2010）

本规范共分 17 章和 8 个附录。主要内容有：总则，术语，建筑结构，建筑装饰，风系统，气体系统，水系统，化学物料供应系统，配电系统，自动控制系统，设备安装，消防系统，屏蔽设施，防静电设施，施工组织与管理，工程检验和验收。

[2]**6.3.2.5** 《食品工业洁净用房建筑技术规范》（GB 50687-2011）

本规范共分 10 章和 2 个附录，主要技术内容包括：总则，术语，工厂平面布置，洁净用房分级和环境参数，对工艺设计的要求，建筑，通风与净化空调，给水排水，电气，检测、验证与验收。

[2]**6.3.2.6** 《室内环境质量评价标准》

在编工程建设行业标准。

[2]6.3.3 建筑声学专用标准

[2]**6.3.3.1** 《厅堂混响时间测量规范》（GBJ 76-84）

本规范为统一厅堂混响时间的测量系统和测量方法，使不同单位测量的结果具备互相可比的统一基础，特制定本规范。适用于一般厅堂的混响时间的测量。测量厅堂混响时间，除应执行本规范尚外，应遵守国家现行的其他有关标准或规范。

[2]**6.3.3.2** 《工业企业噪声控制设计规范》（GBJ 87-85）

本规范共分 7 章和 3 个附录。主要内容包括：工业企业中各类地点的噪声控制设计标准以及设计中为达到这些标准所应采取的措施。本规范适用于工业企业中的新建、改建、扩建与技术改造工程的噪声（脉冲声除外）控制设计。新建、改建和扩建工程的噪声控制设计必须与主体工程设计同时进行。

[2]**6.3.3.4** 《工业企业噪声测量规范》（GBJ 122-88）

本规范共分 4 章和 2 个附录。内容包括：测量条件，生产环境的噪声测量和非生产场所的噪声测量。本标准适用于工业企业生产环境、非生产环境与厂界的稳态噪声和除脉冲噪声以外的非稳态噪声测量。

[2]**6.3.3.5** 《住宅建筑室内振动限值及其测量方法标准》(GB/T 50355-2005)

本标准的主要内容是：总则，术语，住宅建筑室内振动限值，测量方法等。

[2]**6.3.3.6** 《剧场、电影院和多用途厅堂建筑声学技术规范》(GB/T 50356-2005)

本规范主要技术内容是：总则，术语、符号，剧场，电影院，多用途厅堂，噪声控制等。主要规定了观众厅体型设计、观众厅混响时间、噪声限值等各项技术指标。

[2]**6.3.3.7** 《厅堂音质模型试验规范》(GB 50412-2007)

本规范适用于新建、扩建（改建）的剧场、电影院、多用途厅堂的工程设计。

[2]**6.3.3.8** 《体育场馆声学设计及测量规程》(JGJ/T 131-2012)

本规程的主要技术内容是：总则，建筑声学设计，噪声控制，扩声系统设计，声学测量等。

[2]6.3.4 建筑光学专用标准

[2]**6.3.4.1** 《室外作业场地照明设计标准》(GB 50582-2010)

本标准共分 8 章和 1 个附录，主要技术内容包括：总则，术语，基本规定，照明数量和质量，照明标准值，照明配电及控制，照明节能措施，照明维护与管理等。

[2]**6.3.4.2** 《体育场馆照明设计及检测标准》(JGJ 153-2007)

本标准适用于新建、改建和扩建的体育场馆照明的设计及检测。

[2]**6.3.4.3** 《城市夜景照明设计规范》(JGJ/T 163-2008)

本规范主要技术内容：总则，术语，基本规定，照明评价指标，照明设计，照明节能，光污染的限制，照明供配电与安全等。

[2]**6.3.4.4** 《城市道路照明设计标准》(CJJ 45-2006)

本标准适用于新建、扩建和改建的城市道路及与道路相连的特殊场所的照明设计，不适用于隧道照明的设计。

[2]6.3.5 建筑热工专用标准

[2]**6.3.5.1** 《外墙外保温工程技术规程》(JGJ 144-2004)

本规程为规范外墙外保温工程技术要求，保证工程质量，做到技术先进、安全可靠、经济合理，制定本规程。适用于新建居住建筑的混凝土和砌体结构外墙外保温工程。

[2]**6.3.5.2** 《建筑门窗玻璃幕墙热工计算规程》（JGJ/T 151-2008）

本规程的主要技术内容：总则，术语、符号，整樘窗热工性能计算，玻璃幕墙热工计算，结露性能评价，玻璃光学热工性能计算，框的传热计算，遮阳系统计算，通风空气间层的传热计算，计算边界条件，以及相关附录。

[2]**6.3.5.3** 《外墙内保温工程技术规程》（JGJ/T 261-2011）

本规程的主要技术内容是：总则，术语，基本规定，性能要求，设计与施工，内保温系统构造和技术要求，工程验收等。

[2]**6.3.5.4** 《建筑外墙外保温防火隔离带技术规程》（JGJ 289-2012）

本规程的主要技术内容是：总则，术语，基本规定，性能要求，设计，施工，工程验收等。

[2]**6.3.5.5** 《水泥基复合膨胀玻化微珠建筑保温系统技术规程》（DB51/T 5061-2008）

本规程适用于新建、扩建（改建）的居住建筑与公共建筑的墙体、楼地面采用水泥基复合膨胀玻化微珠建筑保温系统的建筑保温工程。

[2]**6.3.5.6** 《居住建筑油烟气集中排放系统应用技术规程》（DB51/T 5066-2009）

本规程适用于居住建筑厨房、卫生间集中式排油烟气系统由钢丝网水泥或玻璃纤维网水泥预制的排油烟气道制品在建筑工程中的设计、施工及验收。

[2]**6.3.5.7** 《四川省地源热泵系统工程技术实施细则》（DB51/T 5067-2010）

本细则适用于四川省内岩土体、地下水、地表水（含工业废水与生活污水，下同）为低温热源，以水或添加防冻剂的水溶液为传热介质，采用蒸气压缩热泵技术进行制冷、制热的系统工程的勘察、设计、施工、验收与监测。

[2]**6.3.5.8** 《烧结自保温复合砖应用技术规程》（DBJ51/T 001-2011）

本规程适用于四川省内夏热冬冷地区和温和地区的民用建筑。其中烧结自保温空心砖和砌块适用于抗震设防烈度为 8 度及 8 度以下民用建筑中的自承重墙体；烧结自保温多孔砖和砌块适用于抗震设防烈度为 7 度及 7 度以下且建筑层数为 3 层及 3 层以下民用建筑中的承重墙体。

[2]**6.3.5.9** 《烧结复合自保温砖和砌块墙体保温系统技术规程》（DBJ51/T 002-2011）

本规程适用于四川省内夏热冬冷地区和温和地区的民用建筑。本规程中烧结自保温砖和砌块适用于抗震设防烈度为 8 度及 8 度以下民用建筑中的自承重墙体；烧结自保温多孔砖和砌块适用于抗震设防烈度为 7 度及 7 度以下且建筑层数为 3 层及 3 层以下民用建筑中的承重墙体。

[2]**6.3.5.10** 《成都市地源热泵性能工程评价标准》（DBJ51/T 007-2012）

本标准适用于成都市以岩土体、地下水、地表水为低温热源，以水或添加防冻剂的水溶液为传热介质，采用蒸气压缩热泵技术进行供热、空调或加热生活热水的系统性能检测及工程评价。

[2]**6.3.5.11** 《成都市地源热泵系统运行管理规程》（DBJ51/T 011-2012）

本规程适用于成都地区应用地源热泵系统的运行管理。

[2]**6.3.5.12** 《成都市地源热泵系统设计技术规程》（DBJ51/012-2012）

本规程适用于成都地区以岩土体、地下水、地表水为低温热源，以水或添加防冻剂的水溶液为传热介质，采用蒸气压缩热泵技术进行制冷、制热的系统工程的设计。

[2]**6.3.5.13** 《酚醛泡沫保温板外墙外保温系统》（DBJ51/T 013-2012）

本规范适用于新建、扩建（改建）的居住建筑和公共建筑采用酚醛泡沫保温板外墙外保温系统的建筑保温工程。

[2]**6.3.5.14** 《围护结构传热系数现场检测技术规程》

在编工程建设行业标准。

[2]**6.3.5.15** 《自保温混凝土复合砌块墙体应用技术规程》

在编工程建设行业标准。

[2]**6.3.5.16** 《建筑用真空绝热板应用技术规程》

在编工程建设行业标准。

[2]**6.3.5.17** 《岩棉板薄抹灰外墙外保温工程技术规程》

在编工程建设行业标准。

[2]**6.3.5.18** 《热反射涂料应用技术规程》

在编工程建设行业标准。

[2]**6.3.5.19** 《保温防火复合板应用技术规程》

在编工程建设行业标准。

[2]**6.3.5.20** 《玻璃膜应用技术规程》

在编工程建设行业标准。

[2]**6.3.5.21** 《挤塑聚苯板外墙外保温及屋面保温工程技术规程》

在编四川省工程建设地方标准。

[2]**6.3.5.22** 《岩棉板建筑保温系统技术规程》

在编四川省工程建设地方标准。

[2]**6.3.5.23** 《水泥发泡无机保温板应用技术规程》

在编四川省工程建设地方标准。

[2]**6.3.5.24** 《非透明面板保温幕墙工程技术规程》

在编四川省工程建设地方标准。

[2]6.3.6 建筑节能与绿色建筑专用标准

[2]**6.3.6.1** 《公共建筑节能设计规范》（GB 50489-2005）

本标准适用于新建、改建和扩建的公共建筑节能设计。

[2]**6.3.6.2** 《建筑工程绿色施工评价标准》（GB/T 50640-2010）

本标准共分为 11 章，主要技术内容包括：总则，术语，基本规定，评价框架体系，环境保护评价指标，节材与材料资源利用评价指标，节水与水资源利用评价指标，节能与能源利用评价指标，节地与土地资源保护评价指标，评价方法，评价组织和程序。

[2]**6.3.6.3** 《可再生能源建筑应用工程评价标准》（GB/T 50801-2013）

本标准的主要技术内容是：总则，术语，基本规定，太阳能热利用系统，太阳能光伏系统和地源热泵系统。

[2]**6.3.6.4** 《农村居住建筑节能设计标准》（GB/T 50824-2013）

本标准共分 8 章和 1 个附录。主要技术内容是：总则，术语，基本规定，建筑布局与节能设计，围护结构保温隔热，供暖通风系统，照明，可再生能源利用等。

[2]**6.3.6.5** 《既有居住建筑节能改造技术规程》（JGJ/T 129-2012）

本规程的主要技术内容有：总则，基本规定，节能诊断，节能改造方案，建筑围护结构节能改造，严寒和寒冷地区集中供暖系统节能与计量改造，施工质量验收。本规程主要修订的技术内容是：（1）将规程的适用范围扩大到夏热冬冷地区和夏热冬暖地区；（2）规定了在制定节能改造方案前对供暖空调能耗、室内热环境、围护结构、供暖系统进行现状调查和诊断；（3）规定了不同气候区的既有建筑节能改造方案应包括的内容；（4）规定了不同气候区的既有建筑围护结构改造内容、重点以及技术要求；（5）规定了热源、室外管网、室内系统以及热计量的改造要求。

[2]**6.3.6.6** 《居住建筑节能检测标准》（JGJ/T 132-2009）

本标准的主要技术内容是：总则，术语和符号，基本规定，室内平均温度，外围护结构热工缺陷，外围护结构热桥部位内表面温度，围护结构主体部位传热系数，外窗窗口气密性能，外围护结构隔热性能，外窗外遮阳设施，室外管网水力平衡度，补水率，室外管网热损失率，锅炉运行效率，耗电输热比。

[2]**6.3.6.7** 《民用建筑能耗数据采集标准》（JGJ/T 154-2007）

标准主要内容包括：总则，术语，民用建筑能耗数据采集对象与指标，民用建筑能耗数据采集样本量和样本的确定方法，样本建筑的能耗数据采集方法，民用建筑能耗数据报表生成与报送方法，民用建筑能耗数据发布等。本标准经建设部以第 676 号公告于 2007 年 7 月 23 日批准、发布，自 2008 年 1 月 1 日起实施。

[2]**6.3.6.8** 《公共建筑节能改造技术规范》（JGJ 176-2009）

本规范主要技术内容是：总则，术语，节能诊断，节能改造判定原则与方法，外围护结构热工性能改造，采暖通风空调及生活热水供应系统改造，供配电与照明系统改造，监测与控制系统改造，可再生能源利用，节能改造综合评估。

[2]**6.3.6.9** 《公共建筑节能检测标准》（JGJ/T 177-2009）

本标准主要技术内容是：总则，术语，基本规定，建筑物室内平均温度、湿度检测，非透光外围护结构热工性能检测，透光外围护结构热工性能检测，建筑外围护结构气密性能检测，采暖空调水系统性能检测，空调风系统性能检测，建筑物年采暖空调能耗及年冷源系统能效系数检测，供配电系统检测，照明系统检测，监测与控制系统性能检测以及相关附录等。

[2]**6.3.6.10** 《光伏建筑一体化系统运行与维护规范》（JGJ/T 264-2012）

本规范的主要技术内容是：总则，术语，基本规定，运行与维护，巡检周期和维护记录。

[2]**6.3.6.11** 《被动式太阳能建筑技术规范》（JGJ/T 267-2012）

本规范的主要技术内容是：总则，术语，基本规定，规划与建筑设计，技术集成设计，施工与验收，运行维护及性能评价。

[2]**6.3.6.12** 《建筑能效标识技术标准》（JGJ/T 288-2012）

本标准的主要技术内容是：总则，术语，基本规定，测评与评估方法，居住建筑能效测评，公共建筑能效测评，居住建筑能效实测评估，公共建筑能效实测评估，建筑能效标识报告。

[2]**6.3.6.13** 《复合保温石膏板内保温系统工程技术规程》（DB51/T 5042-2007）

本规程适用于四川省新建、扩建、改建以及既有建筑节能改造的建筑外墙、分户墙、楼板等保温工程。

[2]**6.3.6.14** 《建筑外窗、遮阳及天窗节能设计规程》（DB51/T 5065-2009）

本规程适用于新建、改建和扩建的民用建筑工程中外窗（或玻璃幕墙）、遮阳及天窗的建筑节能设计。

[2]**6.3.6.15** 《四川省居住建筑节能设计标准》（DB51/5027-2012）

本标准适用于四川省内新建、改建、扩建居住建筑的节能设计。

[2]**6.3.6.16** 《公共建筑能耗远程监测系统技术规程》

在编工程建设行业标准。

[2]**6.3.6.17** 《城市照明节能评价标准》

在编工程建设行业标准。

[2]**6.3.6.18** 《绿色工业建筑评价标准》

在编工程建设国家标准。

[2]**6.3.6.19** 《绿色办公建筑评价标准》

在编工程建设国家标准。

[2]**6.3.6.20** 《建筑工程绿色施工规范》

在编工程建设国家标准。

[2]**6.3.6.21** 《绿色商店建筑评价标准》

在编工程建设国家标准。

[2]**6.3.6.22** 《既有建筑改造绿色评价标准》

在编工程建设国家标准。

[2]**6.3.6.23** 《绿色博览建筑评价标准》

在编工程建设国家标准。

[2]**6.3.6.24** 《绿色饭店建筑评价标准》

在编工程建设国家标准。

[2]**6.3.6.25** 《绿色医院建筑评价标准》

在编工程建设行业标准。

[2]**6.3.6.26** 《地源热泵系统工程勘察规范》

在编工程建设国家标准。

[2]**6.3.6.27** 《绿色照明检测及评价标准》

在编工程建设国家标准。

[2]**6.3.6.28** 《绿色建筑运行维护技术规范》

在编工程建设行业标准。

[2]**6.3.6.29** 《农村节能建筑烧结自保温砖和砌块墙体保温系统技术规程》

在编四川省工程建设地方标准。

[2]**6.3.6.30** 《四川省建筑节能门窗应用技术规程》

在编四川省工程建设地方标准。

[2]6.3.7 建筑燃气专用标准

[2]**6.3.7.1** 《家用燃气燃烧器具安装及验收规程》（CJJ 12-2013）

本规程的主要技术内容包括：总则，术语，基本规定，燃具及相关设备的安装，质量验收。本规程适用于住宅中燃气灶具、热水器、采暖热水炉等燃具及其附属设施的安装和验收。

[2]**6.3.7.2** 《聚乙烯燃气管道工程技术规程》（CJJ 63-2008）

本规程的主要技术内容是：总则，术语、代号，材料，管道设计，管道连接，管道敷设，试验与验收。本规程适用于工作温度在-20℃～40℃、公称直径不大于 630 mm、最大允许工作压力不大于 0.7 MPa 的埋地输送城镇燃气用聚乙烯管道和钢骨架聚乙烯复合管道工程设计、施工及验收。

[2]**6.3.7.3** 《城镇燃气埋地钢质管道腐蚀控制技术规程》（CJJ 95-2013）

本规程的主要技术内容是：总则，术语，基本规定，腐蚀控制评价，防腐层，阴极保护，干扰防护，腐蚀控制工程管理等。本规程适用于城镇燃气埋地钢质管道外腐蚀控制工程的设计、施工、验收和运行管理。

[2]**6.3.7.4** 《城镇燃气报警控制系统技术规程》（CJJ/T 146-2011）

本规程的主要技术内容是：总则，术语，设计，安装，验收，使用和维护。本规程适用于城镇燃气报警控制系统的设计、安装、验收、使用和维护。

[2]**6.3.7.5** 《城镇燃气管道非开挖修复更新工程技术规程》（CJJ/T 147-2010）

本规程主要技术内容是：总则，术语，设计，插入法，工厂预制成型折叠管内衬法，现场成型折叠管内衬法，缩径内衬法，静压裂管法，翻转内衬法，试验与验收，修复更新后的管道接支管和抢修。本规程适用于采用插入法、折叠管内衬法、缩径内衬法、静压裂管法和翻转内衬法对工作压力不大于 0.4 MPa 的在役燃气管道进行沿线修复更新的工程设计、施工及验收。本规程不适用于新建的埋地城镇燃气管道的非开挖施工、局部修复和架空燃气管道的修复更新。

[2]**6.3.7.6** 《城镇燃气加臭技术规程》（CJJ/T 148-2010）

本规程主要技术内容是：总则，术语，基本规定，加臭装置的设计与布置，加臭装置的安装与验收，加臭装置的运行与维护。本规程适用于城镇燃气加臭的设计、安装、验收、运行和维护。不适用于有特殊要求的工业企业生产工艺用气的加臭。

[2]**6.3.7.7** 《城镇燃气管网泄漏检测技术规程》（CJJ/T 215-2014）

本规程的主要技术内容是：总则，术语，检测，检测周期，检测仪器，检测记录等。本规程适用于城镇燃气管道及管道附属设施、厂站内工艺管道、与管道相连的管网工艺设备的泄漏检测。本规程不适用于储气设备本体的泄漏检测。

[2]**6.3.7.8** 《燃气热泵空调系统工程技术规程》（CJJ/T 216-2014）

本规程的主要技术内容是：总则，设计，安装与施工，调试、检验与验收，运行与维护。本规程适用于民用和工业建筑中，以天然气、液化石油气为能源的发动机驱动的多联机热泵空调系统工程的设计、施工、调试、验收、运行与维护。

[2]**6.3.7.9** 《城镇燃气管道穿跨越工程技术规程》

在编工程建设行业标准。

[2]**6.3.7.10** 《城市燃气输配系统自动化工程技术规范》

在编工程建设行业标准。

2.7 建筑工程防灾设计专业标准体系

2.7.1 综　述

建筑工程防灾是指在设计过程中采取必要措施，以便在发生火灾、洪灾、地震、暴风雪、雷击灾害及山区发生地质灾害时，能避免或减少建筑工程的破坏及人民生命财产的损失。

2.7.1.1 国内外建筑工程防灾技术发展

建筑工程防灾是一门较新的学科，特别是在20世纪90年代“国际减灾十年”活动开展以后，才引起世界各国的重视。

火灾是一种违反人们意志、在时间和空间上失去控制的燃烧现象。人们在与火灾斗争中逐渐形成了减少火灾损失、保证人员的生命安全的基本对策，制定了相关的标准。世界各国在建筑结构耐火设计研究领域取得的主要成果集中在以下六个方面：结构材料在火灾高温下的性能，建筑构件标准耐火试验方法，混凝土构件内温度场和耐火性能，钢构件耐火性能和耐火保护方法，失火分区的火灾形状与预测。

我国的抗震减灾，始于20世纪50年代末，1976年唐山地震后国家就成立了抗震办公室，直接领导抗震防灾工作，取得较好成绩：开展了相关的理论研究和试验研究，并通过震害调查、抗震加固和工程实践，形成了具有我国特色的抗震防灾技术。在液化判别、抗震设计理论、抗震概念设计上，均在国际上占有一席之地。

对洪水发生的时空分布、洪涝预报、防洪标准、损失估计、防灾应急对策等都展开了研究；对确定台风发生的预报、观测和最大风速、风力脉动参数等也有所研究。

在对单一灾种如地震、洪水、火灾等的研究基础上，1990年起开展的“国际减灾十年”活动中，开始针对城市的灾害源和自然条件、经济发展情况、已有工程抗灾能力，研究城市灾害的综合防御对策，以达到城市发展和建设过程中不断提高防灾能力和减轻各种灾害损失的目的。

地震、洪水等自然灾害给人类的生命财产造成了巨大的损失。世界各国的科技工作者对地震等自然灾害发生的机理和规律进行了大量的科学研究，对提高各类结构工程以及整个城镇的抗灾能力进行了研究。在对各类结构工程抗灾性能试验和分析研究的基础上，世界各国均制定了工程抗灾设计规范。自 80 年代开始，世界各国先后从单体工程的抗灾研究，逐步过渡到既重视单体工程的抗灾又重视整个城镇和区域的系统防灾研究。

我国是世界上洪水和地震多发的国家之一，近几十年来，对工程防灾和城镇防灾研究一直比较重视，造就一大批从事工程和城镇防灾技术研究的科技工作者，通过他们的努力，无论在工程抗灾减灾，还是在城镇防灾方面都取得了很大进展。近年来信息系统的发展，有力地促进了城镇防灾系统的研究。我国自然科学基金会和建设部共同资助的重大科研项目“城市综合防灾的研究”取得了较大进展，为深入开展城镇综合防灾研究奠定了坚实的基础。

2.7.1.2 国内外技术标准情况

1. 国内技术标准现状

关于抗震设计标准，我国起步于 50 年代末，1964 年提出了建筑物和构筑物抗震设计规范的初稿，1974 年发布了第一本建筑物通用的抗震设计规范（试行），1976 年唐山地震后进行了修订并发布了建筑物通用的抗震鉴定标准。此后，在国家抗震主管部门的统筹安排和各工业部门抗震管理机构的大力支持下，有关冶金、铁路、公路、水运、水工、天然气、石化、市政、电力设施、核电等行业也相继制定了本行业的抗震设计和抗震鉴定的标准，逐渐形成门类较为齐全的抗震设计和鉴定的标准系列。在世界各国的建筑物抗震设计标准中，我国的抗震规范在设防目标、场地划分、液化判别、抗震概念设计和重视抗震构造措施方面具有先进的水平；在 2001 版的建筑抗震设计规范中，还纳入了隔震和减震设计和非结构抗震设计的内容，开始向基于性能要求的抗震设计迈出重要的一步。

目前，我国有关建筑工程的抗震标准共有 19 本（含在编），相关的工程抗震标准共有 40 多本。一些结构设计的专用标准中也有抗震设计的专门章节。

我国市政工程和房屋建筑的防洪设计起步较晚，仅在有关行业的关于防洪设计标准中有某些防洪内容。在标准名称中出现防洪的目前仅有《防洪标准》《城市防洪工程设计规范》和《蓄滞洪区建筑工程技术规范》。

关于防风灾和地质灾害的标准，我国目前仅编制建筑物防雷设计的技术标准和防止山区地质灾害的边坡工程技术标准。

2. 国外技术标准现状

世界各国的抗震技术标准，1973 年列入世界抗震设计规定汇编的有美、日、新西兰、俄罗斯等国的共 28 本，1996 年列入世界抗震设计规定汇编的，包括 ISO3010，共 44 本；在结构用的欧洲规范中，有专门的抗震规范 Eurocode 8。这些标准，一般由建设主管部门或标准机构发布，内容包括地震区划、建筑用途分类、场地、结构地震作用和抗震验算方法、基本构造要求，还有按不同结构材料分别提出的对构件细部构造的专门规定，以及非结构、现存建筑鉴定和震损建筑修复加固的内容，近来还提出了供地震保险用的结构抗震能力评估。每次大地震发生后，有关国家的抗震标准均根据震害经验作了相应的修订。1994 年美国北岭地震和 1995 年日本阪神地震后，美、日的设计标准均作了相应的修改，还列入建筑隔震、减震的内容，而且正朝着基于性能要求的设防目标开展研究，拟制定相应的设计规定。

国外的抗震设计标准大致有三种类型。

第一种以结构用欧洲规范为代表，有单独的抗震设计规定（Eurocodes 8），由五个部分组成：第一部分，总要求，包括术语、极限状态、场地条件、地震作用及其组合；结构总则，包括概念设计、规则性要求、结构分析模型和分析方法、位移计算、非结构构件和安全验算；不同材料建筑结构的专门规定，包括混凝土结构、钢结构、混合结构、木结构和砌体结构，其内容除了具体结构的设计准则外，专门规定了有别于其他结构材料欧洲规范的构件抗震细部构造，而其他结构材料的欧洲规范（如混凝土结构设计 Eurocodes 2）不包括抗震的细部构造；修复加固细则。第二部分，桥梁细则。第三部分，塔、桅、烟囱细则。第四部分，罐、筒仓、管线细则。第五部分，基础、挡土结构等。

第二种以美国 UBC97 和 IBC2000 为代表，在合为一体的建筑规范中，有专门的防火设计规定，抗震计算（包括隔震、减震设计）则列入结构设计基本要求中，在各类结构材料的设计中，除了引用结构材料规范（如 ACI 规范）的规定外，列入对结构材料规范的修订以及抗震的规定，还有既存建筑的修复加固规定。在结构材料规范（如 ACI）既有静力又有抗震，与建筑规范内容交叉。

第三种以日本建筑法为代表，全国均需进行抗震设计，各种结构规范均有抗震要求。

2.7.1.3 工程技术标准体系

1. 现行标准存在的问题

按照《防震减灾法》对地震灾害预防和震后重建的要求，需要通过标准提供相应技术规定的内容较多。因此，原有的通用标准与专用标准之间部分内容的重复需要避免，还需扩充抗震技术标准的覆盖面，按下列几方面核查和逐步完善：

（1）抗震设防的总要求，如设防目标、设防依据、设防分类、设防标准等；

（2）新建、扩建、改建的房屋和市政工程的抗震设计规定；

（3）已建房屋和市政工程的抗震鉴定以及必要的加固规定；

（4）减灾规划中涉及场地条件、环境、布局的技术要求；

（5）地震灾害保险的技术基础——结构抗震能力的测试和评估；

（6）普及减灾知识的技术要求；

（7）震损建筑的修复加固规定和易地重建规划。

我国历史上洪水灾害给人民带来的损失是难以估计的。但这方面的技术标准侧重于河海堤岸的防灾，对于市政工程和房屋建筑防洪的技术标准偏少。根据《水利法》对城镇和工程的防洪要求，需要明确相应的标准系列。

我国历史上暴风雪和强雷击造成灾害的范围相对集中，损失涉及面较小，尚未得到足够的重视。根据《气象法》对城镇和工程的防灾要求，需要抓紧制定相应的标准。

按照建筑工程不与农田争地的要求，为减轻山区地质灾害对建筑工程的灾害，需抓紧编制有关的建筑标准。

2. 本标准体系的特点

建筑工程防灾标准分体系是在参考原中华人民共和国建设部《工程建设标准体系》（2003 年版）的基础上，结合我省地方工程建设标准编制现状建立的。其中包含国家、行业、四川省地方及专业协会颁布的建筑工程防灾设计专业标准，本体系竖向分为基础标准、通用标准、专用标准 3 个层次；横向按照抗灾减灾学科分为防火耐火、抗震减灾、抗洪减灾、抗风雪雷击和抗地质灾害五个门类，以适应今后建筑工程防灾设计发展的需要。

本体系表中含技术标准 72 项，其中国家标准 39 项，行业标准 27 项，地方标准 6 项；现行标准 66 项，在编标准 6 项，四川省待编标准 1 项。本体系是开放性的，技术标准名称、内容和数量均可根据需要而适当调整。

2.7.2 建筑工程防灾设计专业标准体系框图

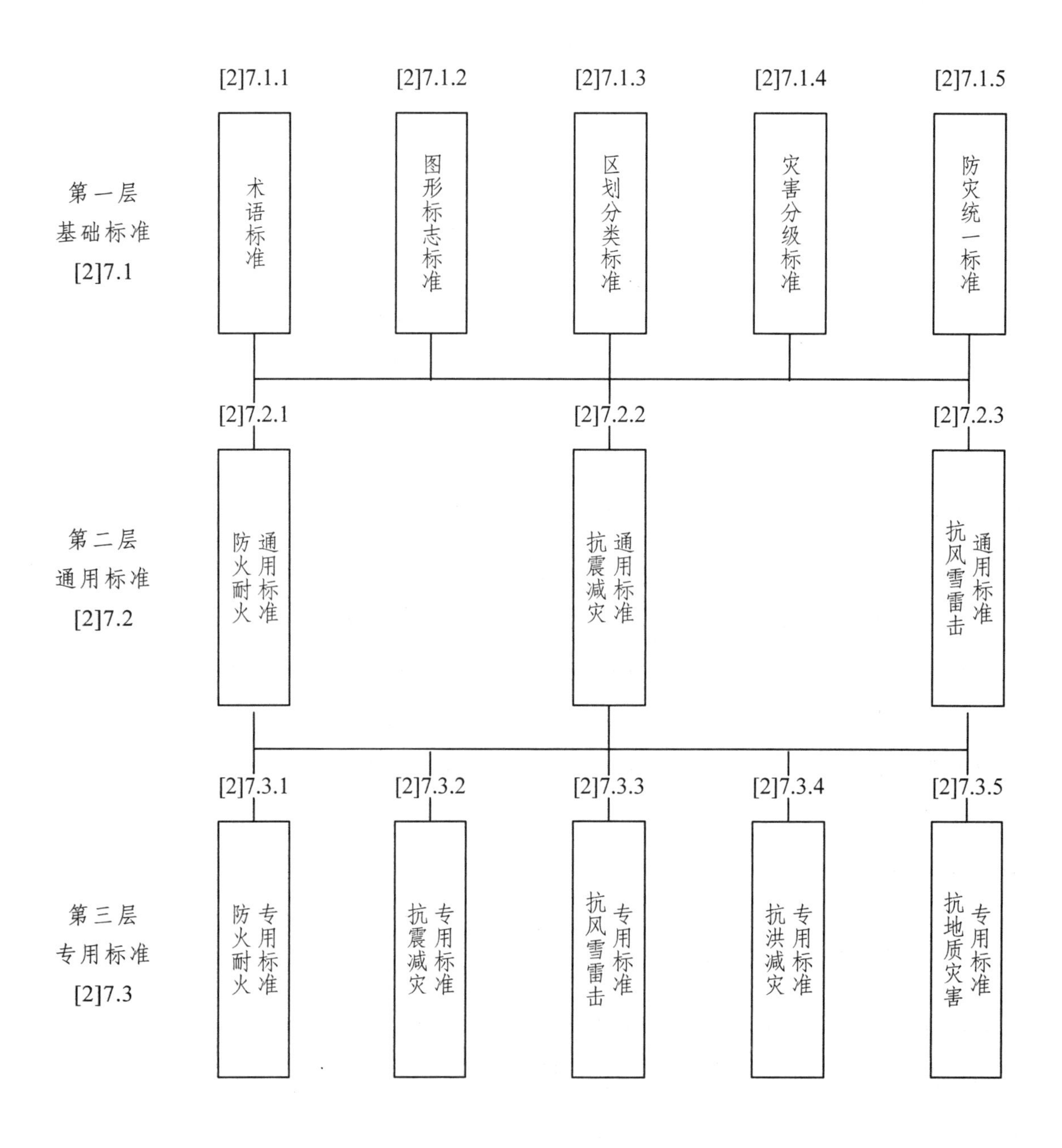

2.7.3 建筑工程防灾设计专业标准体系表

体系编码	标准名称	现行标准	编制出版情况			备注
			现行	在编	待编	
[2]7.1	**建筑工程防灾设计专业基础标准**					
[2]7.1.1	**术语标准**					
[2]7.1.1.1	工程抗震术语标准	JGJ/T 97-2011	√			
[2]7.1.2	**图形标志标准**					
[2]7.1.2.1	中国蓄滞洪区名称代码	SL 263-2000	√			
[2]7.1.3	**区划分类标准**					
[2]7.1.3.1	防洪标准	GB 50201-94	√			
[2]7.1.3.2	建筑工程抗震设防分类标准	GB 50223-2008	√			
[2]7.1.3.3	城市抗震防灾规划标准	GB 50413-2007	√			修订
[2]7.1.3.4	城镇综合防灾规划标准			√		国标
[2]7.1.3.5	村镇防灾规划标准			√		行标
[2]7.1.3.6	四川省城市抗震防灾规划标准			√		地标
[2]7.1.4	**灾害分级标准**					
[2]7.1.4.1	建（构）筑物地震破坏等级划分	GB/T 24335-2009	√			
[2]7.1.4.2	市政工程地震破坏分级标准	YB 9255-95	√			
[2]7.1.5	**防灾统一标准**					
[2]7.2	**建筑工程防灾设计专业通用标准**					
[2]7.2.1	**防火耐火通用标准**					
[2]7.2.1.1	建筑设计防火规范	GB 50016-2006	√			修订
[2]7.2.1.2	农村防火规范	GB 50039-2010	√			
[2]7.2.1.3	高层民用建筑设计防火规范（2005 年版）	GB 50045-95	√			修订
[2]7.2.1.4	汽车库修车库停车场设计防火规范	GB 50067-97	√			
[2]7.2.1.5	人民防空工程设计防火规范	GB 50098-2009	√			

续表

体系编码	标准名称	现行标准	编制出版情况			备注
			现行	在编	待编	
[2]7.2.1.6	建筑内部装修设计防火规范	GB 50222-95	√			修订
[2]7.2.1.7	飞机库设计防火规范	GB 50284-2008	√			
[2]7.2.1.8	灾区过渡安置点防火规范	DBJ51/T 003-2012	√			
[2]7.2.2	**抗震减灾通用标准**					
[2]7.2.2.1	建筑抗震设计规范	GB 50011-2010	√			修订
[2]7.2.2.2	建筑抗震鉴定标准	GB 50023-2009	√			
[2]7.2.2.3	构筑物抗震设计规范	GB 50191-2012	√			
[2]7.2.2.4	建筑抗震试验方法规程	JGJ 101-96	√			修订
[2]7.2.2.5	四川省抗震设防超限高层建筑工程界定标准	DB51/T 5058-2008	√			修订
[2]7.2.2.6	建筑震后评估、修复和加固技术规程			√		行标
[2]7.2.3	**抗风雪雷击通用标准**					
[2]7.2.3.1	建筑防雷设计规范	GB 50057-2010	√			
[2]7.2.3.2	古建筑防雷技术规范			√		国标
[2]7.3	**建筑工程防灾设计专业专用标准**					
[2]7.3.1	**防火耐火专用标准**					
[2]7.3.1.1	自动喷水灭火系统设计规范（2005 年版）	GB 50084-2001	√			
[2]7.3.1.2	建筑灭火器配置设计规范	GB 50140-2005	√			
[2]7.3.1.3	泡沫灭火系统设计规范	GB 50151-2010	√			
[2]7.3.1.4	水喷雾灭火系统设计规范	GB 50219-95	√			
[2]7.3.1.5	自动喷水灭火系统施工及验收规范	GB 50261-2005	√			
[2]7.3.1.6	气体灭火系统施工及验收规范	GB 50263-2007	√			
[2]7.3.1.7	泡沫灭火系统施工及验收规范	GB 50281-2006	√			
[2]7.3.1.8	固定消防炮灭火系统设计规范	GB 50338-2003	√			

续表

体系编码	标准名称	现行标准	编制出版情况			备注
			现行	在编	待编	
[2]7.3.1.9	干粉灭火系统设计规范	GB 50347-2004	√			
[2]7.3.1.10	气体灭火系统设计规范	GB 50370-2005	√			
[2]7.3.1.11	建筑灭火器配置验收及检查规范	GB 50444-2008	√			
[2]7.3.1.12	固定消防炮灭火系统施工与验收规范	GB 50498-2009	√			
[2]7.3.2	**抗震减灾专用标准**					
[2]7.3.2.1	室外给水排水和燃气热力工程抗震设计规范	GB 50032-2003	√			
[2]7.3.2.2	设置钢筋混凝土构造柱多层砖房抗震技术规程	JGJ/T 13-94	√			修订
[2]7.3.2.3	建筑抗震加固技术规程	JGJ 116-2009	√			
[2]7.3.2.4	预应力混凝土结构抗震设计规程	JGJ 140-2004	√			
[2]7.3.2.5	镇（乡）村建筑抗震技术规程	JGJ 161-2008	√			修订
[2]7.3.2.6	底部框架-抗震墙砌体房屋抗震技术规程	JGJ 248-2012	√			
[2]7.3.2.7	四川省建筑抗震鉴定与加固技术规程	DB51/T 5059-2008	√			修订
[2]7.3.2.8	配筋和约束砌体结构抗震技术规程			√		行标
[2]7.3.2.9	钢-混凝土混合结构抗震技术规程			√		行标
[2]7.3.2.10	非结构构件抗震设计规程			√		行标
[2]7.3.2.11	建筑消能减震技术规程			√		行标
[2]7.3.2.12	村镇建筑抗震鉴定和加固规程			√		行标
[2]7.3.2.13	四川省建筑结构抗震设计措施				√	地标
[2]7.3.3	**抗风雪雷击专用标准**					
[2]7.3.4	**抗洪减灾专用标准**					
[2]7.3.4.1	蓄滞洪区建筑工程技术规范	GB 50181-93	√			
[2]7.3.5	**抗地质灾害专用标准**					

2.7.4 建筑工程防灾设计专业标准项目说明

[2]7.1 基础标准

[2]7.1.1 术语标准

[2]7.1.1.1 《工程抗震术语标准》(JGJ/T 97-2011)

本标准适用于工程抗震科研、勘察、设计、施工和管理等领域，是工程抗灾基本术语在抗震方面的扩展。内容包括未列入基本术语的抗震防灾术语、结构周期和振型等动力学术语、强地震观测和抗震试验术语、场地和地基抗震术语、抗震概念设计术语、结构抗震计算和抗震构造术语、震害评估和地震破坏分级术语以及防震减灾管理术语等。

[2]7.1.2 图形标志标准

[2]7.1.2.1 《中国蓄滞洪区名称代码》(SL 263-2000)

本标准适用于各流域滞洪区。主要规定了长江、黄河、淮河、海河等流域的主要蓄滞洪区的名称和相关代码。

[2]7.1.3 区划分类标准

[2]7.1.3.1 《防洪标准》(GB 50201-94)

本标准适用于城市、乡村、工矿企业、交通运输设施、水利水电工程、动力设施、通信设施、文物古迹和旅游设施等防护对象，防御暴雨洪水、融雪洪水、雨雪混合洪水和海岸、河口地区防御潮水的规划、设计、施工和运行管理工作。

[2]7.1.3.2 《建筑工程抗震设防分类标准》(GB 50223-2008)

本标准适用于抗震设防地区工业与民用建筑抗震设防类别的划分。主要内容包括广播、电视、邮电通信、交通运输、能源和原材料、加工制造、住宅和公共建筑、仓库等各类建筑的设防分类准则和示例，本标准依据建筑物遭受地震破坏后对社会影响的程度、直接和间接经济损失的大小和影响范围、建筑在抗震救灾中的作用，并考虑建筑结构自身抗震潜力的大小等因素，对其设防标准予以规定，达到最大限度减少建筑的地震灾害又合理使用有限资金的目的。

[2]7.1.3.3 《城市抗震防灾规划标准》(GB 50413-2007)

本标准适用于抗震设防地区的城镇抗震设防规划编制。主要内容包括城镇设防规划的分类、场地调查、土地利用、工程建设数据库、震前预案、震后应急、防灾宣传教育等方面的要求，以及规划的格式、表达和实施、修订的要求，以便制定各城镇中建筑和市政工程抗震设防的依据。

[2]**7.1.3.4** 《城镇综合防灾规划标准》

在编工程建设国家标准。本标准适用于可能发生自然和人为灾害的城镇规划。主要内容是依据城镇各类灾害源的性质、分布和相互作用，提出将各类灾害相互协调防治的设防分区、设防标准等区划的关键对策。

[2]**7.1.3.5** 《村镇防灾规划标准》

在编工程建设行业标准。

[2]**7.1.3.6** 《四川省城市抗震防灾规划标准》

在编四川省工程建设地方标准。本标准适用于四川省内城市抗震防灾规划的编制。

[2]**7.1.4 灾害分级标准**

[2]**7.1.4.1** 《建（构）筑物地震破坏等级划分》（GB/T 24335-2009）

本标准适用于建（构）筑物地震后破坏的损失估计。主要内容是有别于建筑物的工业构筑物和设施，如构架、贮仓、井塔、冷却塔、电视塔、烟囱、水塔、设备基础、通廊、储罐、尾矿坝等，遭遇地震破坏轻重的分级方法、经济损失估计原则，以及各类构筑物具体评定其地震破坏的定性和定量描述。本标准是构造物遭受强烈地震后救灾抢险、修复和今后保险赔偿的依据。

[2]**7.1.4.2** 《市政工程地震破坏分级标准》（YB 9255-95）

本标准适用于各类市政工程地震后破坏的损失估计。主要内容是城镇供水、供热、供气、供电的各种管网及市内道路桥梁等工程遭遇地震后破坏的分级、经济损失估计准则和具体定性、定量描述。本标准是市政工程遭受强烈地震后救灾抢险、修复和今后保险赔偿的依据。

[2]**7.2 通用标准**

[2]**7.2.1 防火耐火通用标准**

[2]**7.2.1.1** 《建筑设计防火规范》（GB 50016-2006）

本规范适用于下列新建、扩建和改建的建筑：（1）9 层及 9 层以下的居住建筑（包括设置商业服务网点的居住建筑）；（2）建筑高度小于等于 24.0 m 的公共建筑；（3）建筑高度大于 24.0 m 的单层公共建筑；（4）地下、半地下建筑（包括建筑附属的地下室、半地下室）；（5）厂房；（6）仓库；（7）甲、乙、丙类液体储罐（区）；（8）可燃、助燃气体储罐（区）；（9）可燃材料堆场；（10）城市交通隧道。

[2]**7.2.1.2** 《农村防火规范》（GB 50039-2010）

本规范适用于下列范围：（1）农村消防规划；（2）农村新建、扩建和改建建筑的防火设计；（3）农村既有建筑的防火改造；（4）农村消防安全管理。除本规范规定外，农村的厂房、仓库、公共建筑和建筑高度超过 15 m 的居住建筑的防火设计应执行现行国家标准《建筑设计防火规范》（GB 50016）等的规定。

[2]**7.2.1.3** 《高层民用建筑设计防火规范（2005 年版）》（GB 50045-95）

本规范适用于下列新建、扩建和改建的高层建筑及其裙房：（1）10 层及 10 层以上的居住建筑（包括首层设置商业服务网点的住宅）；（2）建筑高度超过 24 m 的公共建筑；（3）本规范不适用于单层主体建筑高度超过 24 m 的体育馆、会堂、剧院等公共建筑以及高层建筑中的人民防空地下室。

[2]**7.2.1.4** 《汽车库修车库停车场设计防火规范》（GB 50067-97）

本规范适用于新建、扩建和改建的汽车库、修车库、停车场（以下统称车库）防火设计，不适用于消防站的车库防火设计。

[2]**7.2.1.5** 《人民防空工程设计防火规范》（GB 50098-2009）

本规范适用于新建、扩建和改建供下列平时使用的人防工程防火设计：（1）商场、医院、旅馆、餐厅、展览厅、公共娱乐场所、健身体育场所和其他适用的民用场所等；（2）按火灾危险性分类属于丙、丁、戊类的生产车间和物品库房等。

[2]**7.2.1.6** 《建筑内部装修设计防火规范》（GB 50222-95）

本规范适用于民用建筑和工业厂房的内部装修设计。本规范不适用于古建筑和木结构建筑的内部装修设计。

[2]**7.2.1.7** 《飞机库设计防火规范》（GB 50284-2008）

本规范适用于新建、扩建和改建的飞机库防火设计。

[2]**7.2.1.8** 《灾区过渡安置点防火规范》（DBJ51/T 003-2012）

本规范适用于各类自然灾害灾区过渡安置点的消防规划、防水设计、消防力量及灭火救援装备配置。

[2]7.2.2 抗震减灾通用标准

[2]**7.2.2.1** 《建筑抗震设计规范》（GB 50011-2010）

本规范适用于抗震设防区的建筑抗震设计。主要内容是规定了各类材料的房屋建筑工程抗震设计的三水准设防目标、概念设计和基本要求、场地选择、地基基础抗震验算和处理、结构地震作用取值和构件抗震承载力验算，并针对多层砌体结构、钢筋混凝土结构、钢结构、土木石结构、底框房屋、单层空旷房屋的特点，规定了有别于其静力设计的抗震选型、布置和抗震构造措施。还提供了隔震、消能减震设计及非结构构件抗震设计的原则规定。本规范提出的设计原则和基本方法往往成为各类工程结构抗震设计规范的共同要求。

[2]**7.2.2.2** 《建筑抗震鉴定标准》（GB 50023-2009）

本标准适用于抗震设防烈度为 6～9 度地区的现有建筑的抗震鉴定。主要内容是规定了震前对房屋建筑综合抗震能力进行评估时的设防目标和逐级评定方法，针对多层砌体结构、钢筋混凝土结构、钢结构、土木石结构、底框房屋、单层空旷房屋的特点规定了有别于抗震设计的设防标准、地震作用、抗震验算和抗震构造要求，以作为房屋建筑震前抗震加固的依据。本规范提出的鉴定原则和基本方法往往成为各类工程结构抗震鉴定标准的共同要求。

[2]**7.2.2.3** 《构筑物抗震设计规范》（GB 50191-2012）

本规范适用于抗震设防烈度为 6～9 度地区构筑物的抗震设计。主要内容是规定了各类构筑物抗震设计共同的设防目标、概念设计和基本要求、场地选择、地基基础抗震验算和处理、地震作用取值和构件抗震承载力验算，并针对烟囱、水塔、构架、贮仓、井塔、井架、冷却塔、电视塔、设备基础、通廊、支架、储罐、尾矿坝等构筑物的结构特点，规定了有别于房屋建筑的抗震选型、布置和抗震构造措施。

[2]**7.2.2.4** 《建筑抗震试验方法规程》（JGJ 101-96）

本规程适用于各类建筑结构的抗震试验。主要内容是规定了房屋建筑和构筑物抗震试验的方法，包括试体的设计和制作，结构及其构件的拟静力、拟动力试验方法，模型振动台动力试验方法和原型结构动力试验方法等，以及试验数据、试验设备、试验结果评定和试验安全措施。

[2]**7.2.2.5** 《四川省抗震设防超限高层建筑工程界定标准》（DB51/T 5058-2008）

本标准适用于四川省抗震设防烈度为6～9度地区抗震设防超限高层建筑工程的界定。主要内容是：总则；术语和符号；各种情况抗震设防超限高层建筑工程的界定：高度超限，特别不规则和特殊类型、大跨度空间结构以及其他超限高层建筑工程；严重不规则的高层建筑的界定。

[2]**7.2.2.6** 《建筑震后评估、修复和加固技术规程》

在编工程建设行业标准。

[2]**7.2.3 抗风雪雷击通用标准**

[2]**7.2.3.1** 《建筑防雷设计规范》（GB 50057-2010）

本规范适用于建筑防雷击设计。主要规定防雷击设计的目标、设防标准、防雷击计算、设备布置和构造等。

[2]**7.2.3.2** 《古建筑防雷技术规范》

在编工程建设国家标准。

[2]**7.3 专用标准**

[2]**7.3.1 防火耐火专用标准**

[2]**7.3.1.1** 《自动喷水灭火系统设计规范 （2005 年版）》（GB 50084-2001）

本规范适用于新建、扩建、改建的民用与工业建筑中自动喷水灭火系统的设计。本规范不适用于火药、炸药、弹药、火工品工厂、核电站及飞机库等特殊功能建筑中自动喷水灭火系统的设计。

[2]**7.3.1.2** 《建筑灭火器配置设计规范》（GB 50140-2005）

本规范适用于生产、使用或储存可燃物的新建、改建、扩建的工业与民用建筑工程。本规范不适用于生产或储存炸药、弹药、火工品、花炮的厂房或库房。

[2]**7.3.1.3** 《泡沫灭火系统设计规范》（GB 50151-2010）

本规范适用于新建、改建、扩建工程中设置的泡沫灭火系统的设计。

[2]**7.3.1.4** 《水喷雾灭火系统设计规范》（GB 50219-95）

本规范适用于新建、扩建、改建工程中生产、储存装置或装卸设施设置的水喷雾灭火系统的设计。

[2]**7.3.1.5** 《自动喷水灭火系统施工及验收规范》（GB 50261-2005）

本规范适用于工业与民用建筑中设置的自动喷水灭火系统的施工、验收及维护 管理。

[2]**7.3.1.6** 《气体灭火系统施工及验收规范》（GB 50263-2007）

本规范适用于新建、扩建、改建工程中设置的气体灭火系统工程施工及验收、维护管理。

[2]**7.3.1.7** 《泡沫灭火系统施工及验收规范》（GB 50281-2006）

本规范适用于新建、扩建、改建工程中设置的低倍数、中倍数和高倍数泡沫灭火系统工程的施工及验收、维护管理。

[2]**7.3.1.8** 《固定消防炮灭火系统设计规范》（GB 50338-2003）

本规范适用于新建、改建、扩建工程中设置的固定消防炮灭火系统的设计。

[2]7.3.1.9 《干粉灭火系统设计规范》(GB 50347-2004)

本规范适用于新建、扩建、改建工程中设置的干粉灭火系统的设计。

[2]7.3.1.10 《气体灭火系统设计规范》(GB 50370-2005)

本规范适用于新建、改建、扩建的工业和民用建筑中设置的七氟丙烷、IG541 混合气体和热气溶胶全淹没灭火系统的设计。

[2]7.3.1.11 《建筑灭火器配置验收及检查规范》(GB 50444-2008)

本规范适用于工业与民用建筑中灭火器的安装设置、验收、检查和维护。

[2]7.3.1.12 《固定消防炮灭火系统施工与验收规范》(GB 50498-2009)

本规范适用于新建、扩建、改建工程中设置固定消防炮灭火系统的施工、验收及维护管理。

[2]7.3.2 抗震减灾专用标准

[2]7.3.2.1 《室外给水排水和燃气热力工程抗震设计规范》(GB 50032-2003)

本规范内容包括总则、主要符号、抗震设计的基本要求、场地、地基和基础、地震作用和结构抗震验算、盛水构筑物、贮气构筑物、泵房、水塔、管道等。

[2]7.3.2.2 《设置钢筋混凝土构造柱多层砖房抗震技术规程》(JGJ/T 13-94)

本规程适用于抗震设防烈度为 6～9 度地区设置构造柱的粘土砖多层砖房和底层框架抗震墙砖房的抗震设计与施工。

[2]7.3.2.3 《建筑抗震加固技术规程》(JGJ 116-2009)

本规程适用于建筑的抗震加固设计及施工。主要内容是与《建筑抗震鉴定标准》配套，规定了对不符合鉴定要求的房屋建筑进行加固的决策、设计和施工要求。

[2]7.3.2.4 《预应力混凝土结构抗震设计规程》(JGJ 140-2004)

本规程适用于抗震设防烈度为 6～8 度地区的现浇后张预应力混凝土框架和板柱等建筑结构的抗震设计；抗震设防烈度为 9 度地区的预应力混凝土结构，其抗震设计应有充分依据，并采取可靠措施。

[2]7.3.2.5 《镇（乡）村建筑抗震技术规程》(JGJ 161-2008)

本规程适用于村镇一般房屋建筑的设计和施工，主要内容着重于根据村镇建筑的特点，提出确实可行的、有效的、因地制宜的抗震构造措施，力求做到不增加造价或仅增加少量造价即可大大改善量大面广的一般村镇建筑的抗震性能。

[2]7.3.2.6 《底部框架-抗震墙砌体房屋抗震技术规程》(JGJ 248-2012)

本规程主要适用于抗震设防烈度为 6～8 度(0.20g)、抗震设防类别为标准设防类的底层或底部两层框架-抗震墙砌体房屋的抗震设计与施工。

[2]**7.3.2.7** 《四川省建筑抗震鉴定与加固技术规程》（DB51/T 5059-2008）

本规程适用于四川省内抗震设防烈度为 6～9 度地区的现有民用建筑的抗震鉴定和抗震加固。

[2]**7.3.2.8** 《配筋和约束砌体结构抗震技术规程》

在编工程建设行业标准。本规程适用于配筋和约束砌体结构的抗震设计及施工。主要内容是规定各类配筋和约束砌体有别于无筋砌体的抗震设计内容，包括概念设计、地震作用、构件抗震验算、细部构造措施和主要施工技术，以配合减少黏土砖的使用和墙体改革。本规程在《设置钢筋混凝土构造柱多层砖房抗震设计技术规程》的基础上改编而成。

[2]**7.3.2.9** 《钢-混凝土混合结构抗震技术规程》

在编工程建设行业标准。本规程适用于钢-混凝土混合结构的抗震设计。主要内容侧重于钢和混凝土混合结构有别于钢筋混凝土结构、钢结构的抗震设计内容，如结构阻尼比、分析模型、抗侧力构件的选型、不同材料构件的连接构造等。以适应我国发展混合建筑结构的需要。

[2]**7.3.2.10** 《非结构构件抗震设计规程》

在编工程建设行业标准。本规程适用于建筑构件和建筑附属机电设备的抗震设计，主要包括有别于主体结构的抗震设防目标、地震作用计算、构件抗震验算和各类非结构的扰震构造措施要求。

[2]**7.3.2.11** 《建筑消能减震技术规程》

在编工程建设行业标准。本规程适用于采用消能减震的房屋建筑设计。主要内容是《建筑抗震设计规范》有关规定的补充。规定各类建筑设置阻尼器增大结构阻尼从而减少结构地震反应以符合性能使用要求的专门设计方法，现阶段以协会标准的形式编制。

[2]**7.3.2.12** 《村镇建筑抗震鉴定和加固规程》

在编工程建设行业标准。

[2]**7.3.2.13** 《四川省建筑结构抗震设计措施》

待编四川省工程建设地方标准。我省是一个地震多发的省份，随着社会经济的发展，基础设施建设正在蓬勃开展，城镇化建设和住房建设正在加速，城市化水平日益提高。因此新建工程的数量在今后的一段时间内将继续处于较高的水平，其抗震性能的好坏，直接关系着广大人民群众的生命和财产安全，关系到整个社会的安宁和谐，在建设工程抵御地震灾害综合应用技术研究的基础之上，提出一套较完整的、具有我省地方特色的抗震设计措施，对于强化我省建筑工程质量管理、提高我省抗震设计水平具有现实和长远的意义。

[2]7.3.3 抗风雪雷击专用标准

[2]7.3.4 抗洪减灾专用标准

[2]7.3.4.1 《蓄滞洪区建筑工程技术规范》（GB 50181-93）

本规范适用于蓄滞洪区建筑工程规划和建筑设计水深不大于 8 m 地区的建筑物（构筑物）抗洪设计和施工。主要内容包括抗洪减灾规划、抗洪设计基本规定、波浪要素和波浪荷载、地基基础、常用房屋的抗洪构造和抗洪对策等。

[2]7.3.5 抗地质灾害专用标准